CAD/CAM/CAE 高手成长之路丛书

SOLIDWORKS 操作进阶技巧 150 例

严海军　肖启敏　闵银星　编著
刘红政　主审

机 械 工 业 出 版 社

本书全面讲解了SOLIDWORKS草图、特征、装配体、工程图等的150个相关操作技巧，每个技巧均讲解了操作方法、效率提升要点及注意事项，文字简明扼要、通俗易懂，无论SOLIDWORKS初学者还是有一定操作经验的人员，均可通过学习本书获得一定的技能提升。由于本书主体内容以操作技巧为主，因此在学习过程中需要配合软件进行操作练习，通过练习来掌握这些技巧直至能够熟练使用，从而达到提升软件操作效率的目的。

　　本书可以作为工程技术人员的学习参考书，也可作为职业院校、本科类院校相关专业学生提升软件操作技能的学习用书。

图书在版编目（CIP）数据

SOLIDWORKS操作进阶技巧150例/严海军，肖启敏，闵银星编著.
—北京：机械工业出版社，2020.6（2024.10 重印）
（CAD/CAM/CAE 高手成长之路丛书）
ISBN 978-7-111-65508-4

Ⅰ.①S… Ⅱ.①严…②肖…③闵… Ⅲ.①计算机辅助设计-应用软件 Ⅳ.①TP391.72

中国版本图书馆 CIP 数据核字（2020）第 075119 号

机械工业出版社（北京市百万庄大街 22 号　邮政编码 100037）
策划编辑：张雁茹　　　　　责任编辑：张雁茹　王海霞
责任校对：李锦莉　刘丽华　责任印制：邓　博
北京盛通数码印刷有限公司印刷
2024 年 10 月第 1 版·第 3 次印刷
184mm×260mm·11.75 张·289 千字
标准书号：ISBN 978-7-111-65508-4
定价：49.80 元

电话服务　　　　　　　　　　网络服务
客服电话：010-88361066　　机 工 官 网：www.cmpbook.com
　　　　　010-88379833　　机 工 官 博：weibo.com/cmp1952
　　　　　010-68326294　　金 书 网：www.golden-book.com
封底无防伪标均为盗版　机工教育服务网：www.cmpedu.com

前　言

SOLIDWORKS 软件是基于 Windows 开发的三维 CAD 系统，从最初版本的推出到现在的 20 多年里一直在优化，其凭借功能强大、易学易用、技术创新三大特点成为主流的三维机械设计软件之一。

SOLIDWORKS 是一个基于特征、参数化、实体建模的设计工具，利用它可以创建完全相关的三维实体模型。在设计过程中，实体之间可以存在或不存在约束关系，同时还可以利用自动或者用户定义的约束关系来体现设计意图。通过其强大的功能可以方便、快捷、实时地创建和修改复杂模型，有效地缩短产品设计周期，更为清晰地表达工程师的设计意图。

SOLIDWORKS 提供了一套完整的工具集，可用于创建、仿真、发布和管理数据，最大限度地提高工程资源的创新速度和生产效率。所有这些解决方案协同工作，可让组织更好、更快、更经济、更高效地设计出产品。无论产品设计、设计数据管理，还是进行振动或冲击等复杂仿真，SOLIDWORKS 均可提供一系列行之有效的工具，使用户对工作变得得心应手。

市面上有众多关于 SOLIDWORKS 的教材和参考书籍，但大部分以功能性与过程性内容为核心，围绕软件的基本操作或实例展开讲解。由于 SOLIDWORKS 的应用已相当普及，因此在大家都会基本操作的情况下，本书试图以另一个角度来着重讲解可以提高设计效率、解决应用难点的实用技巧，以使各位读者快速提升软件使用水平，而不是仅仅停留在基本操作层面。本书以 SOLIDWORKS 2018 为基础，内容涵盖了软硬件配置要求与优化、系统选项、基本操作、草图、特征、装配体、工程图、辅助功能等 150 个实用技巧，并以具体实例为范例进行讲解。希望本书能帮助读者提升软件操作效率，从而从软件操作中解放出来，用更多的时间进行产品创新和创意表达。

如果使用不同版本的软件，那么在实际操作过程中可能会有所出入，请各位读者在操作时加以注意。

编　者

目　　录

第1章 软硬件配置要求与优化技巧

软件要运行流畅，离不开好的软硬件环境的支撑，本章主要介绍配置软硬件来提高SOLIDWORKS 的运行效率的方法，减少因软硬件不匹配而带来的不必要的麻烦。

技巧1 基本硬件环境要求

三维软件对于计算机硬件的要求高于一般的办公类软件和二维软件，为了获得较好的使用体验，可以按 SOLIDWORKS 官方推荐的配置进行硬件选配。

硬件推荐配置要求：CPU 主频为 3.3GHz 或更高，内存为 16GB 或更高，硬盘转速为 7200r/min，单一逻辑硬盘剩余空间大于 30GB，经过认证的显卡和驱动程序（具体的型号和规格参见官网详细说明，网址为 http://www.solidworks.com/support/hardware-certification）。

> 注意：以上硬件推荐配置要求适用于 SOLIDWORKS 2017、SOLIDWORKS 2018、SOLIDWORKS 2019 版本。

技巧2 大型零件（装配体）硬件环境要求

大型零件是指特征数目超过 500 个的零件，大型装配体是指所装配的零件数量超过 500 个的装配体。

对于大型零件（装配体），建议采用图形工作站作为基本配置，使用高主频 CPU（高主频双核 CPU 的性能要优于低主频四核 CPU），内存为 16GB 或更高（建议使用 ECC RAM），使用固态硬盘且可用空间大于 50GB，优先选用 NVIDIA 显卡且显存为 8GB 或更高。

技巧3 软件环境要求

1. 系统要求

SOLIDWORKS 2018：Win 7 SP1，64 位；Win 8.1，64 位；Win 10，64 位。

SOLIDWORKS 2019：Win 7 SP1，64 位；Win 10，64 位。

SOLIDWORKS 2020：Win 7 SP1，64 位；Win 10，64 位。

对于 Win 7 SP1，64 位的最后一个支持版本是 SOLIDWORKS 2020 SP5，该版本以后将不再支持 Win 7 SP1，64 位。

2. Microsoft Excel 和 Word 适用版本

SOLIDWORKS 2018：2010、2013、2016。

SOLIDWORKS 2019：2013、2016、2019。

SOLIDWORKS 2020：2013、2016、2019。

3. 防病毒产品

选择防病毒产品时，一定要查询该防病毒产品是否经过 SOLIDWORKS 官方测试，否则可能会出现无法安装、运行效率低下、系统易崩溃等现象，查询网址为 http://www. solidworks. com. cn/sw/support/AntiVirus_SW. html。

技巧 4　软硬件环境优化

当硬件性能参数无法达到官方推荐要求或制作大型零件（装配体）时，可通过下面的方法来提高软件运行效率。

1. 增加虚拟内存

1）在"我的电脑"上单击鼠标右键，选择【属性】，在弹出的图 1-1 所示的对话框中单击【更改设置】选项。

图 1-1　【更改设置】选项

2）在弹出的【系统属性】对话框中单击【高级】选项卡，单击"性能"项中的【设置】按钮，如图 1-2 所示。

3）在弹出的【性能选项】对话框中单击【高级】选项卡，单击"虚拟内存"项下的【更改】按钮，如图 1-3 所示。

4）如图 1-4 所示，在弹出的【虚拟内存】对话框中取消勾选【自动管理所有驱动器的分页文件大小】复选框，根据需要自定义相应磁盘的分页文件大小。

5）设置完成后单击【系统属性】对话框中的【确定】按钮退出【虚拟内存】对话框。

> **注意：**
> 1）虚拟内存尽量不要放置在系统盘，可放置在 D 盘等。
> 2）虚拟内存大小以物理内存的 50% ~150% 为佳。

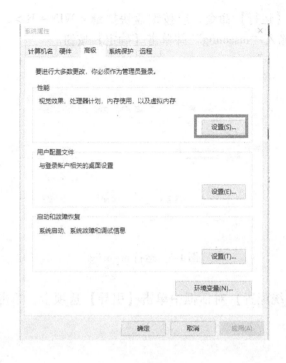

图 1-2 【系统属性】对话框

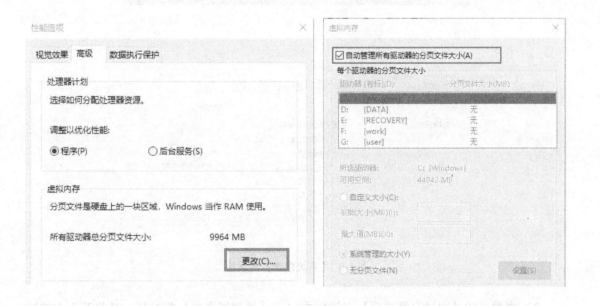

图 1-3 【性能选项】对话框   图 1-4 更改虚拟内存

2. 开启多核 CPU 选项

虽然现在的计算机绝大部分是多核 CPU,但 Windows 系统默认的引导 CPU 数量仍然是
1,可将其更改为与 CPU 匹配的数量来提高系统运行效率。

1）启动 Windows【运行】命令，或按键盘快捷键 < WIN + R >，出现图 1-5 所示对话框，在"打开"框中输入"msconfig"并单击【确定】按钮。

图 1-5　运行 msconfig

2）在弹出的【系统配置】对话框中单击【引导】选项卡，单击【高级选项】按钮，如图 1-6 所示。

图 1-6　【系统配置】对话框

3）在弹出的【引导高级选项】对话框中勾选【处理器个数】复选框，并将其下方的数量设置为最大，如图 1-7 所示。

4）单击【确定】按钮退出【引导高级选项】对话框。

注意：不同 CPU 型号其最大值是不一样的。

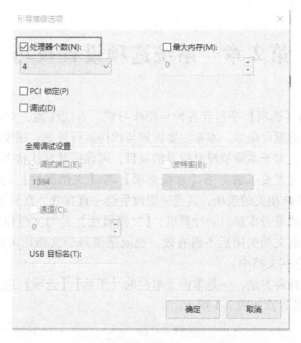

图 1-7　【引导高级选项】对话框

3. 释放系统保留内存

Windows 有一块特殊的内存空间——"为硬件保留的内存"，该内存无法被软件使用，如果计算机内存实在太少，可以尝试释放该内存。但该操作存在一定的风险，操作不当会造成计算机启动困难，所以不到不得已时不要操作。在此不提供具体方法，以防操作不当引起不必要的麻烦，确需操作时可上网查询其操作方法。

4. 删除不必要的启动项

打开【任务管理器】，删除不必要的系统启动项，尤其是在线扫描类程序，如在线翻译、在线杀毒、后台加密、后台监控等软件。

第 2 章　系统选项设置技巧

SOLIDWORKS 的【选项】中包含各种与操作习惯、系统性能、文件路径等相关的控制选项，其可配置更改的项目众多，本章主要讲解与软件运行效率、建模效率有关的项目及常引起错误提示的项目。对于本章节没有提及的项目，可保持其默认状态不做修改。

在讲解之前，首先需要了解一下【系统选项】与【文档属性】的区别。【系统选项】是与 SOLIDWORKS 系统相关的选项，其选项更改后会一直有效，直到下次再次更改该选项，而不管是否新建文档或是否重新启动计算机；【文档属性】是与文档相关的选项，其更改只对当前文档有效，当前文档关闭后不再有效，也就是说每个文档均可设置不同的【文档属性】，其设置信息保存在文档中。

进入选项通常有两种方法：一是单击菜单栏的【工具】/【选项】进入；二是单击工具栏的【选项】⚙进入，其界面如图 2-1 所示。

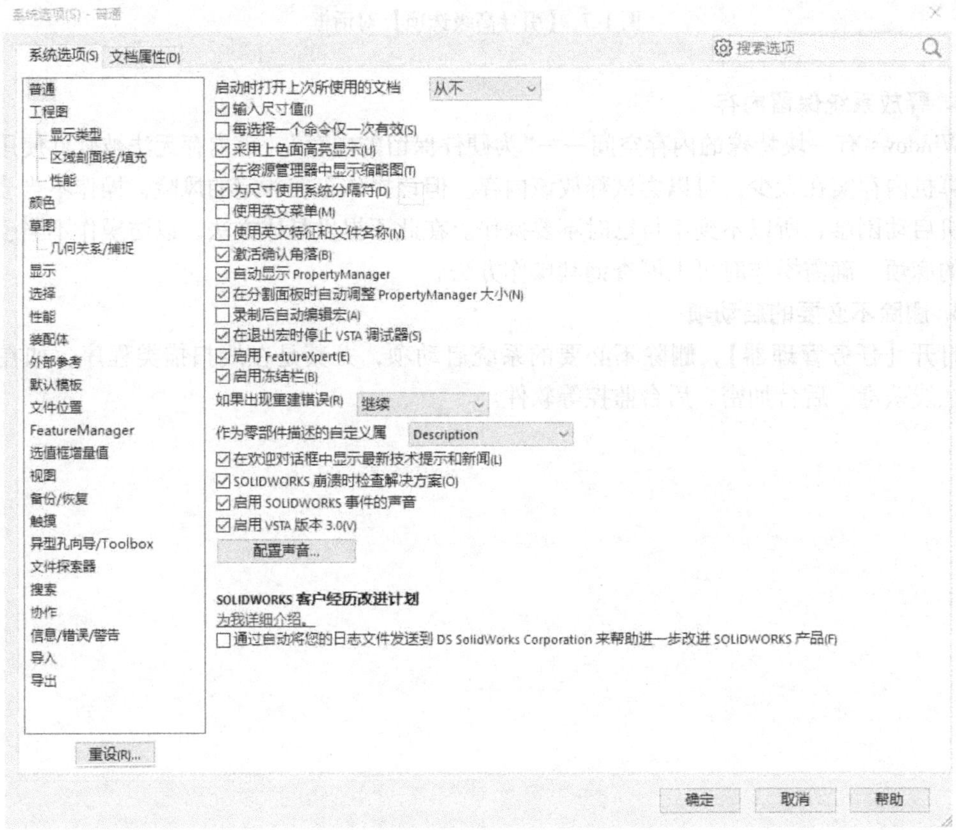

图 2-1　系统选项

技巧 5 普通选项

【系统选项】中的第一类选项是【普通】选项，其中的部分选项对操作效率、应用问题有着重要的作用，在此选择其中几个重要的加以讲解。

1. 输入尺寸值

该选项用于控制在标注尺寸时是否弹出【修改】对话框。当绘制的草图不精确，需要对尺寸进行即时修改时，选中该选项；当绘制的草图精确或使用由其他软件复制过来的准确草图时，取消选中该选项可提高效率。

2. 每选择一个命令仅一次有效

该选项用于定义选择命令后是否重复使用该命令。如果习惯了使用快捷键等方式选择命令，建议不选中该选项，以省去命令结束时需要先退出才能结束当前命令的操作。

3. 使用英文菜单

该选项可以使 SOLIDWORKS 以英文状态启动。选中该选项后，其下的【使用英文特征和文件名称】选项将自动选中。虽然 SOLIDWORKS 本身可以完全运行在中文环境中，但少部分第三方开发的插件会出现在 SOLIDWORKS 中文状态下无法使用或使用有问题的现象，此时选中该选项将其转为英文状态即可，转为中文状态时再取消选中该选项。

该选项更改后需重新启动 SOLIDWORKS 才会生效。

4. 启用冻结栏

该选项能有效减少重建时间，防止意外更改模型。系统默认该选项为未选中状态，选中该选项后，在建模环境下会出现图 2-2 所示的黄色横条，该横条为冻结控制棒，可以通过拖动将其移至需冻结的特征处。如图 2-3 所示，被冻结的特征以灰色显示，且前面有冻结标记 🔒。被冻结的特征在新建时将不再重建，有效节省了重建模型时间，且其不允许被修改，可以有效防止误修改。

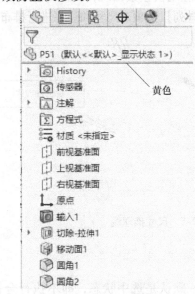

图 2-2 冻结控制棒

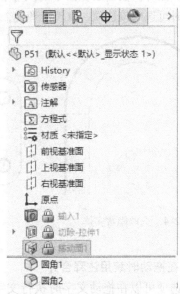

图 2-3 更改冻结特征

如果不需要冻结，只需将冻结控制棒拖至最上方即可。

5. 如果出现重建错误

该选项用于定义在首次出错时系统如何处理，其包含【停止】【继续】和【提示】三个选项。

【停止】：发生错误时停止重建，此时需要对错误进行修复。

【继续】：发生错误时继续重建模型而不提示信息。

【提示】：发生错误时提示是继续重建还是停止。

该选项可根据使用场景不同而更改，以便提高工作效率。如果是对他人的模型进行错误检查，则选择【停止】，以便及时发现模型中存在的问题；在设计创意时可选择【继续】，以免错误提示影响创意灵感，完成模型后再行检查。

技巧6　工程图选项

【工程图】选项主要用于控制生成工程图时的各类操作，为了提升工程图生成效率，可以根据需要对相关选项进行调整。该处选项与操作有关，与内容（例如字体、尺寸线、箭头等）相关的选项则在【文档属性】里进行控制。

1. 选取隐藏实体

在三维软件中，工程图是基于模型投影而生成的，但国家标准有时是基于简化画法制定的，这就间接造成了在生成工程图时需要对实体线进行隐藏操作，而一旦隐藏后在需要参考该对象时则无法对其进行选择，将其重新显示的操作又较为烦琐。此时可将该选项选中，在需要选择该对象时，即使其是隐藏的，只要将鼠标移至其边线上就可进行选择，如图2-4所示。

2. 禁用注释/尺寸推理

该选项默认为未选中状态，在标注尺寸或注释时会出现图2-5所示的黄色推理线，方便对齐尺寸和注释。但当工程图中的尺寸和注释较多时，推理线会频繁出现，反而降低了操作效率，此时可选中该选项，取消推理线，后续再用【自动排列】选项对尺寸和注释进行排布。

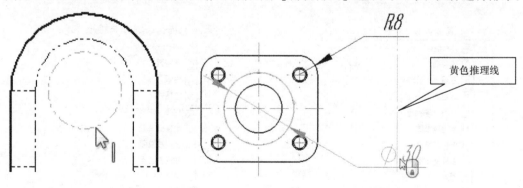

图2-4　选取隐藏实体　　　　　　　　图2-5　尺寸推理线

3. 在拖动时禁用注释合并

该选项可以在拖动文字时执行文字自动合并操作，默认是选中状态，即不执行合并操作。例如，图2-6a所示的两行文字，在默认情况下拖动第二行至第一行附近时，只是将该行文字移至此处，如图 2-6b 所示，系统不做其他处理。

　　在选中该选项时进行同样的操作，系统将对两行文字进行合并，并自动排列整齐，如图 2-6c 所示，省去了二次排版时间，提高了文字处理效率。

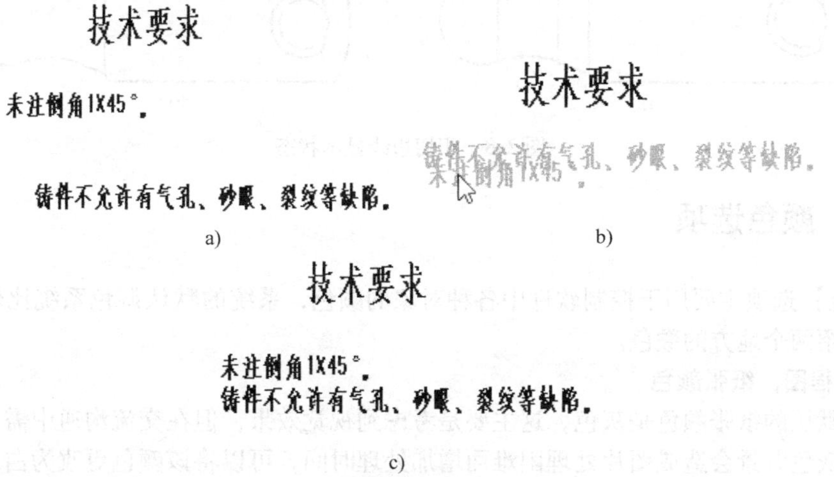

技术要求

未注倒角 1X45°。

铸件不允许有气孔、砂眼、裂纹等缺陷。

a)

技术要求

铸件不允许有气孔、砂眼、裂纹等缺陷。
未注倒角 1X45°。

b)

技术要求

未注倒角 1X45°。
铸件不允许有气孔、砂眼、裂纹等缺陷。

c)

图 2-6　注释合并

4. 重新使用所删除的辅助、局部及剖面视图⊖中的视图字母

　　在工程图中生成辅助视图时，难免会出现需要删除视图标记的情况，由于系统默认为使用过的字母不再使用，于是就会出现 "A、B、D" 这样不连续的视图字母。为了保证图样的整体合理性和美观性，需要手工更改这些标记。此时可以选中该选项，删除的标记字母在下一个标记处会再次使用，避免了手工修改的麻烦。

5. 相切边线

　　相切边线为【工程图】/【显示类型】选项中的内容，其中包含【可见】【使用线型】和【移除】三个选项，如图 2-7 所示。

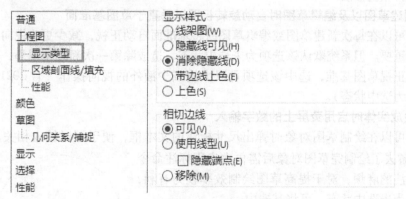

图 2-7　【显示类型】选项

　　【相切边线】默认选中【可见】选项，生成的工程图如图 2-8a 所示，但国家标准是不显示相切边线，这造成了生成工程图后需要手工更改，从而降低了操作效率。可以将该选项

　　⊖　"剖面视图" 对应于国家标准中的 "剖视图"，为与软件保持一致，本书采用 "剖面视图"。——编者注

更改为【移除】，此时生成的工程图会取消相切边线的显示，如图 2-8b 所示，这样可省去手工更改的时间。

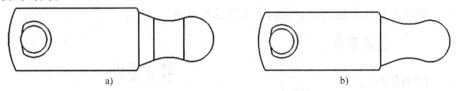

a)   b)

图 2-8　相切边线显示状态

技巧 7　颜色选项

【颜色】选项主要用于控制软件中各种对象的颜色，系统的默认调色系统比较合理，此处主要介绍两个地方的颜色。

1. 工程图，纸张颜色

系统默认的纸张颜色是灰色，这主要是考虑到视觉效果，但在交流沟通中需要截取图片时，由于灰色背景会造成图片处理困难而增加处理时间，可以将该颜色更改为白色。

2. 曲面，开环边线

系统默认的曲面开环边线是深蓝色，而曲面在选中后显示为蓝色，这会造成边线显示不明显，选择困难，尤其是在破损边上使用【曲面填充】时更容易造成短边线漏选现象。可以将其更改为对比度较大的颜色，如红色，以方便选择，减少漏选。

技巧 8　草图选项

草图是建模过程中最基础的操作，在建模时间上也占用较大比例，因此，【草图】选项设置得合理与否对操作效率有较大的影响。而草图的几个默认选项并不适合每一次的建模，需要对其进行相应修改。

1. 在创建草图以及编辑草图时自动旋转视图以垂直于草图基准面

该选项可以在每次新建草图或编辑草图时将基准面自动正视，减少更改视向的操作，在建模时相当重要。但系统默认该选项为未选中状态，造成除第一次新建草图外，以后每一次均需要手动正视草图基准，选中该选项可以大量减少额外的视向操作（自 2021 版本开始，该选项默认为选中状态）。

2. 在生成实体时启用荧屏上的数字输入

该选项可以在绘制草图对象时弹出尺寸标注的文本框，便于即时输入相关尺寸，如图 2-9 所示，省去了绘制完草图对象后需再次启用标注命令进行尺寸标注的麻烦，对于提高草图绘制效率较为有利，但系统默认为未选中状态，可将其选中。

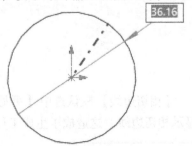

该选项下还有一个二级选项——【仅在输入值的情况下创建尺寸】，该二级选项通常会同时被选中，这样在尺寸标注文本框中未输入具体值时，系统将不会创建尺寸标注，只有输入值时才会创建，从而可避免创建多余的尺寸标注，尤其是构造线尺寸。

图 2-9　启用数字输入

技巧 9　性能选项

　　【性能】选项在计算机性能不是太理想时尤其有用，通过更改其中的选项，可以在一定程度上提升 SOLIDWORKS 的性能，减少因性能原因造成的计算机卡顿。

1. 透明度

　　该选项共包含【正常视图模式高品质】与【动态视图模式高品质】两个子选项。前一个是在静态时透明状态的显示形式，后一个是在旋转、移动等操作时透明状态的显示形式。系统默认为选中【透明度】选项，即高品质状态，其效果如图 2-10a 所示；取消高品质状态后，显示效果如图 2-10b 所示。从中可以看到，高品质状态下透明度的显示质量要明显高于非高品质状态下的显示质量，但高品质状态会占用更多的系统资源，因此，当计算机性能不是太理想时应取消选中该选项。

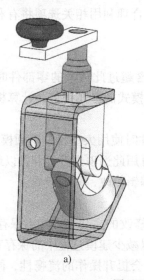 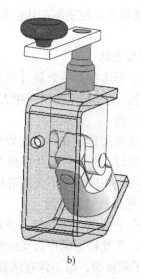

图 2-10　透明度模式

2. 曲率生成

　　【曲率生成】选项默认为【只在要求时】，这是合理的选择，此时在第一次显示曲率时速度较慢，但占用的内存较少。其中的【细节层】选项可以根据需要设定为【更少】，以便在装配体、零件、工程图草图中进行动态视图操作时减少细节的展示，从而减少对系统资源的占用。

3. 装配体

　　该选项包含多个子选项，【自动以轻化状态装入零部件】是指以轻化状态打开装配体，此时零件的建模细节不载入内存，只显示最少量的外形数据。其设计树的显示如图 2-11 所示，零件图标上以"羽毛"表示。选中该选项会大大降低大装配体对计算机的性能要求。

- ▾ 🔩 (固定) 支架<1> (Default)
  - ▸ 📁 Assem-BM 中的配合
  - 🔲 Front
  - 🔲 Top
  - 🔲 Right
- ▸ 🔩 (-) 主连接轴<1> (Default)
- ▸ 🔩 (-) 连接块<1> (Default)
- ▸ 🔩 (-) 附连接轴<1> (Default)
- ▸ 🔩 (-) 长销钉<1> (LONG)
- ▸ 🔩 (-) 短销钉<2> (SHORT)
- ▸ 🔩 (-) 短销钉<3> (SHORT)
- ▸ 🔩 (-) 手柄装配<1> (Default)

图 2-11　轻化状态

【始终还原子装配体】是指在打开装配体时即使【自动以轻化状态装入零部件】选项被选中，子装配体还是会还原，但只还原子装配体，子装配体下面的零件还是会以轻化状态载入。

通过使用轻化零部件，可以显著提高大型装配体的性能。使用轻化零部件装入装配体比使用完全还原的零部件装入同一装配体的速度更快。

因为计算数据更少，所以包含轻化零部件的装配体的重建速度将更快。

4. 打开时无预览

选中该选项后将禁用交互预览，也就是打开过程中是不显示模型的。这样可以减少装载模型的时间，提高打开模型的效率。

技巧 10　装配体选项

【装配体】选项用于控制装配体的相关操作，合理利用相关选项将有利于大型装配体的打开与操作。

1. 打开大型装配体

该选项有两个子选项，一个是【在装配体包含超过此数量的零部件时使用大型装配体模式来提高性能】，用于确定系统采用大型装配体模式的最高阈值，计算机性能不太理想时可以适当降低该数值。

另一个是【在装配体包含超过此数量的零部件时使用大型设计审阅模式】。在对模型进行审查、设计讨论时，无需打开所有模型细节，可用此选项进行打开，以最大限度地节省对计算机资源的占用。在该状态下无法对模型进行编辑修改，只能查看。

2. 当大型装配体模式激活时

该选项有多个子选项，对性能有影响且需要修改的主要有：【不保存自动恢复信息】，选中该子选项后，系统将不保存自动恢复信息，以减少建模过程中的保存对操作的影响，而【备份】选项仍正常备份，但不保存恢复信息，这会提升操作的流畅性，同时也有风险，实际工作中需加以平衡，根据需要进行选择；【优化图像品质以提高性能】，选中该子选项后，系统将自动降低图像品质以提高处理速度。

技巧 11　默认模板

在多种场合中，系统均利用该选项下的默认模板进行文件的创建，如在"新手"模式下新建文件、在装配体中创建新零件、另存分割的零件、第三方软件自动生成模型等。如果默认模板不正确，那么在这些场合中会出现报错，提示找不到模板文件。

软件多次安装和模板文件夹变更均会影响该处的默认模板，在出现找不到模板的提示时可以在此处进行更改，找到合适的模板即可。

技巧 12　文件位置

系统在使用过程中会涉及大量的模板和库数据等，如果更换计算机，则需将原有计算机上的模板转移至新计算机上。利用网上下载的资源，将这些模板、库放至相应目录下，再在【文件位置】处进行添加即可使用。其中使用较多的是文件模板、折弯系数表模板、材料明细表模板、设计库、材质数据库、钣金规格表、焊件轮廓等，这些文件的位置均在此处进行增减。

技巧 13　FeatureManager

【FeatureManager】选项主要用于控制设计树中显示的内容，可以根据建模习惯与使用频率进行更改。

1. 特征创建时命名特征

该选项可以使系统在创建特征时就进入特征重命名状态，如图 2-12 所示。特征的名字应有利于其他人理解、读懂模型的建模思路，并为修改带来便利。选中该选项可以直接进入修改状态，而不用再次用【重命名】命令进行修改，有利于提高建模效率。

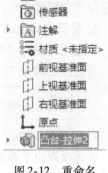

图 2-12　重命名

2. 方向键导航

该选项默认认为未选中状态，此时无法用键盘上的方向键在设计树的项目中进行切换。如果对设计树的操作较多，可以选中该选项。

3. 允许通过 FeatureManager 设计树重命名零部件文件

该选项允许在装配体环境中，直接在设计树上进行零部件的重命名，在零部件名称需经常变化时将会相当便利。

在当前装配体已有零部件重命名操作而没有保存时，该选项为灰色，不可更改。

4. 隐藏/显示树项目

该选项下列出了设计树所有可显示的项目，可以根据需要在"自动""隐藏""显示"三种状态中进行切换。其中"自动"指的是含有该项目内容时才会显示，否则就隐藏。可以根据使用习惯进行选择，如将使用频率较高的方程式更改为"显示"。

技巧 14　备份/恢复

该选项用于对备份和恢复参数进行控制。

1. 自动恢复

该选项可以设置自动恢复信息，以防止因系统崩溃而造成的模型丢失。可以根据需要选择合适的自动保存时间间隔，时间间隔不宜太长，否则一旦出现崩溃会造成大量数据丢失；时间间隔太短则会造成频繁的保存而影响操作效率。

> 注意：该选项在【装配体】选项的【不保存自动恢复信息】被选中时将不起作用。

2. 备份

设定备份信息方便在建模时进行回溯。在没有 PDM 之类的管理系统时，设定一定的备份量可以在建模思路出现偏差时调回旧版本，以防止出现反复修改的情况。

技巧 15　异形孔向导/Toolbox

由于系统中的异形孔向导/Toolbox 信息放置在独立的文件夹中，因此在多次安装后会出现多个 SOLIDWORKS Data 目录，可能会出现默认目录不正确而无法找到相关数据的现象。此时，可通过该选项进行更改，如果该文件夹下没有数据，也可以从其他相同版本的计算机中复制该文件夹至本机，再在该选项中进行指定。

技巧 16　信息/错误/警告

1. 每次重建模型时显示错误

每次重建模型时会显示【什么错】对话框。如果取消选中，则此对话框只出现一次，以避免因频繁的提示而影响设计灵感。

2. 显示 FeatureManager 设计树警告

该选项可以对"警告"内容进行设置，以减少警告对操作的影响，如果不希望警告出现，可直接更改为"从不"。

> 注意：该选项只适用于警告而非错误，错误始终显示。

3. 解除的消息

该选项列出了在建模过程中出现对话框时选择了"不要再问我"或其他类似选项而阻止其不再显示的选项，可以选择已解除的消息以便恢复这些消息的提示。该选项默认是没有内容的，因为系统默认对任何提示均弹出对话框。

技巧 17　导入/导出

该选项用于控制导入/导出参数，在与其他软件进行数据交换时，根据数据需要在该选项中进行更改，以保证导入/导出数据的正确性，减少数据交换时的损失。

由于不同软件、不同格式对参数的要求差异较大，在不确定参数对结果影响的大小时，可以多尝试几个参数进行导入/导出测试，以找到最佳的参数。

技巧 18　调整显示品质

【调整显示品质】选项不属于【系统选项】，而属于【文档属性】，该选项的更改在系统对计算机的要求上影响较大，其包含【上色和草稿品质 HLR/HLV 分辨率】和【线架图和高品质 HLR/HLV 分辨率】两个选项。为最大限度地提升系统性能，可将这两个选项同时向"低（较快）"一侧调整，调整时注意其预览的"圆"不应过于多边形化。

第 3 章　基本操作技巧

本章主要讲解基本操作中的快捷操作方式。使这些快捷操作方式成为自己建模时的操作习惯，可以大大提高操作效率。在使用 SOLIDWORKS 一段时间后再学习本章内容可能不易改变原有习惯，因此，本章内容比其他章节更需要加强练习。

技巧 19　快捷键

SOLIDWORKS 快捷键主要分为两大类：一类是键盘命令，另一类是与鼠标配合使用的命令。对于键盘命令，可以通过菜单中的【工具】/【自定义】进入自定义界面，也可在工具栏任意位置单击鼠标右键，选择【自定义】进入自定义界面，如图 3-1 所示，可以查看系统已有的快捷命令，也可以根据需要进行自定义。

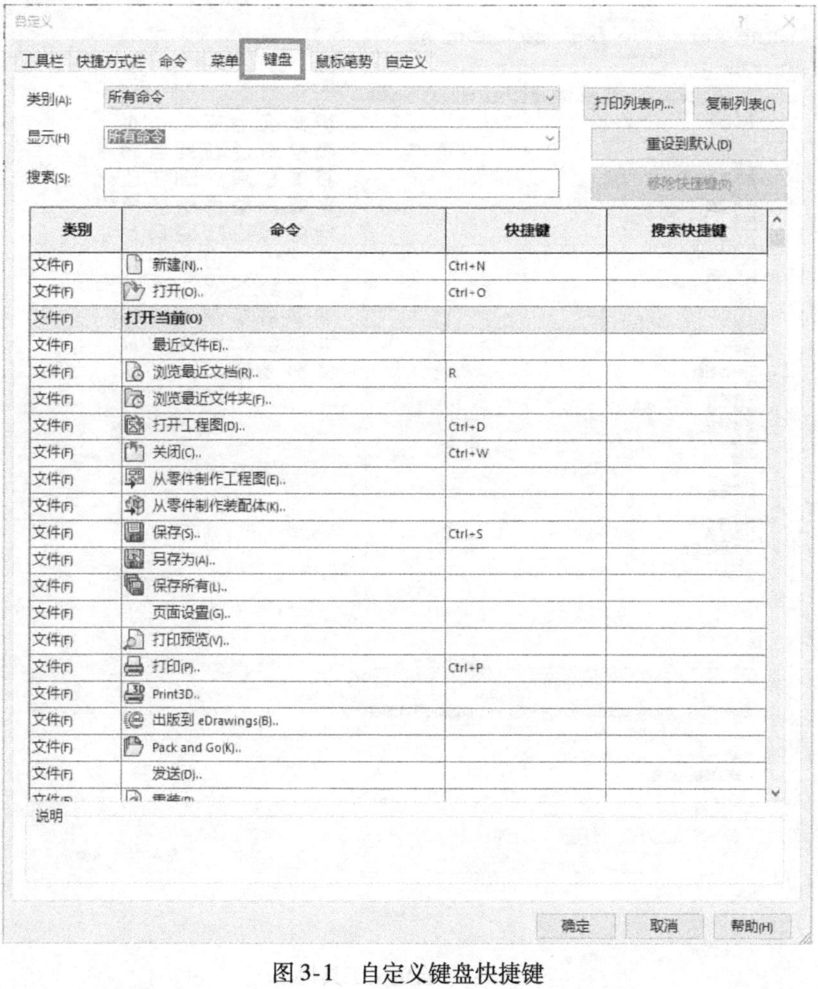

图 3-1　自定义键盘快捷键

自定义时，在命令对应的"快捷键"栏内直接输入所需使用的快捷键即可，如果所输入的快捷键与已有的快捷键有冲突，系统会给出提示；如果将其赋予当前命令，则原有对应命令会自动取消该快捷键。

系统的另一类快捷键是与鼠标配合使用的命令，在不同的环境下（草图、零件、装配、工程图）其应用各不相同，附录 A 中列举了常用的该类快捷键。

技巧 20 自定义工具栏

SOLIDWORKS 的工具栏只默认列出常用命令，如果需要使用某个命令而工具栏中没有该命令，可以通过自定义工具栏的方式将所需的命令拖放至工具栏中。具体方法是单击【工具】/【自定义】进入自定义界面，如图 3-2 所示，这里列出了 SOLIDWORKS 所有的工具栏命令，根据需要单击鼠标左键，将其拖放至所需的工具选项卡中。如果不需要某个命令，则在自定义时将其拖离【工具栏】选项卡即可。

图 3-2　自定义工具栏

技巧 21　鼠标笔势

　　鼠标笔势的概念是根据鼠标在屏幕上的移动方向自动对应到相应的命令，对于习惯鼠标操作的人来讲是一个极大的便利。具体操作方式是按住鼠标右键在屏幕上拖动，有所停顿时会出现笔势选择圈供选择，熟悉后可快速拖动较长距离，以便直接选择命令来提高效率。对于拖动距离和方向，可多练习几次以便熟悉该操作。

　　鼠标笔势是非常高效的快捷方式，对零件、草图、装配体、工程图都可以设置上下左右等笔势的功能，以提高绘制效率。最多可以设定 12 个方向。

　　鼠标笔势对应的功能也可自定义，单击【工具】/【自定义】进入自定义界面，单击【鼠标笔势】设置鼠标笔势快捷键，如图 3-3 所示。笔势数量代表鼠标对应的方向数量，熟悉后一般选择 8 笔势、12 笔势来设置常用命令工具，以便对应到尽量多的命令，例如在草图界面，设置鼠标向左拖动为直线命令、向左下方拖动为剪裁命令等。定义完成后单击【确定】退出该对话框即可使用。

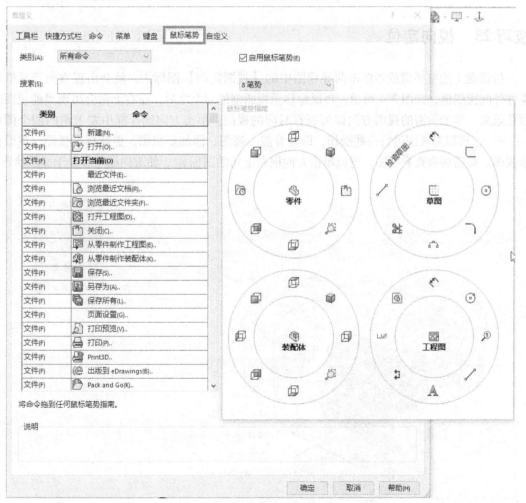

图 3-3　设置鼠标笔势快捷键

技巧 22　鼠标操作

鼠标操作是软件的核心操作之一，SOLIDWORKS 除了基本的左键选择、右键弹出菜单等常用操作外，还定义了其他丰富的功能，在此一一列出。

按住中键拖动：旋转模型视图。

中键单击顶点、边线、面并拖动：围绕所选对象旋转视图。

滚动滚轮：以鼠标光标所在位置为中心缩放。

双击中键：整屏显示全图。

<Ctrl>键+中键（按住并拖动）：平移视图。

<Shift>键+中键（按住并拖动）：动态缩放。

<Alt>键+中键（按住并拖动）：绕垂直于屏幕的轴旋转。

按住右键拖动：在装配体环境中仅旋转所选零件。

<Ctrl>键+<Alt>键+中键（按住并拖动）：在相机视图状态下扭转相机。

技巧 23　视向定位

按键盘上的空格键或者单击前导视图中的【视图定向】图标，就会出现方向选择框和零件外的视图框，如图 3-4 所示，将鼠标移至视图框的面上之后，在右上角会出现当前视图的预览效果，单击所需的视图方向即可查看对应的视图。单击方向选择框中左上角的四个图标，可以对视图进行一些操作，即查看前一视图、添加新视图、更新标准视图、重设标准视图。如需切换查看视图，可以单击方向框右上角的图标，使方向框一直处于显示状态。

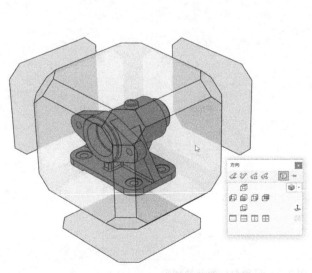

图 3-4　视向定位

技巧 24　复制设定向导

对 SOLIDWORKS 做了大量的个性化设置后，在软件重装、系统重装、更换计算机的情况下，都会涉及个性化设置如何保留、转移的问题，重新设置这些选项会耗费大量时间且不一定能一次更改所有选项。此时，可以通过专用工具将个性化设置保存为配置文件来进行保存或转移。

在程序组里找到【SOLIDWORKS 工具】/【复制设定向导】程序，程序界面如图 3-5 所示，其中共有两个选项：一个是【保存设定】，它是将当前 SOLIDWORKS 的设置保存为一个配置文件；另一个是【恢复设定】，是指通过预先保存的配置文件还原设置。

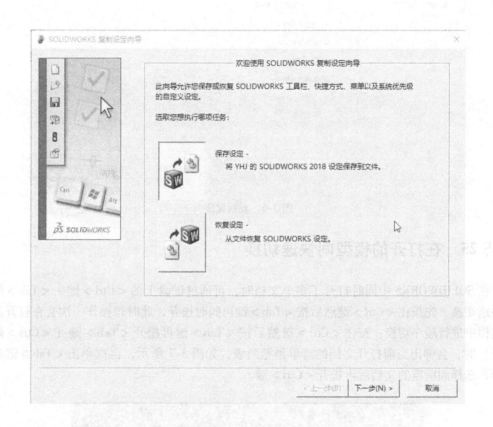

图 3-5　复制设定向导

单击【下一步】，弹出图 3-6 所示的保存选项，可以设定保存的文件位置、名称，系统能将与个性化设定有关的选项，包括系统选项、工具栏布局、键盘快捷键、鼠标笔势、菜单自定义、保存的视图等保存在配置文件中。

保存成文件后，将该文件复制至需要恢复的计算机上执行恢复，即可还原相关个性化设定。

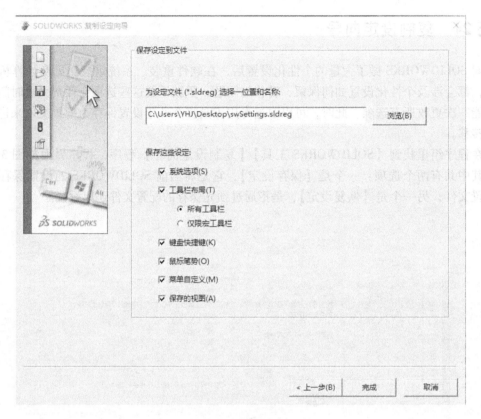

图 3-6　复制设定

技巧 25　在打开的模型间快速切换

在 SOLIDWORKS 中同时打开了多个文档时，可通过键盘上的 < Ctrl > 键 + < Tab > 键进行快速切换，先按住 < Ctrl > 键然后按 < Tab > 键再同时松开，此时每操作一次会在打开的几个文档中进行顺序切换；按住 < Ctrl > 键然后按 < Tab > 键再松开 < Tab > 键（< Ctrl > 键不松开）时，会弹出当前打开文档的清单预览列表，如图 3-7 所示，再次单击 < Tab > 键进行选择，选择到所需的文档后再松开 < Ctrl > 键。

图 3-7　快速切换

技巧 26　快捷方式工具栏

SOLIDWORKS 提供了一种使用【快捷方式工具栏】中快捷命令的方式，可以在图形区域中按键盘上的＜S＞键，此时会弹出一个快捷工具栏，其中列出了常用命令，可以直接单击选用，免去了在【工具】选项卡中选择命令的切换时间。

快捷方式工具栏也可自定义，单击【工具】/【自定义】进入自定义界面，单击【快捷方式栏】进行设置，如图 3-8 所示，根据需要分别定义零件、装配体、工程图、草图状态下的快捷工具栏中的命令组合。

图 3-8　快捷方式栏

技巧 27　选择过滤器

选择过滤器主要用作选择辅助，可以在选择对象时进行过滤，提高选择的有效性与便捷性。可以将选择过滤器设置成要选择的项目类型：面、边线、顶点、曲面实体、参考几何体、草图实体、尺寸以及各种类型的注解。设置好过滤器后，当指针经过指定项目时，这些项目即会被标识出来。

系统在默认状态下不显示该工具，可以通过菜单中的【视图】/【工具栏】/【选择过滤器】使其显示，显示后出现图 3-9 所示的工具栏。

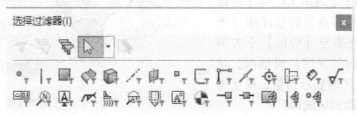

图 3-9　选择过滤器

操作过程中有时会出现无法选择对象的情况，此时要注意光标一侧是否有图标🔻，如果有，说明无意中打开了选择过滤器，且设定的过滤对象与想选择的不一致，此时只需关闭选择过滤器即可。

技巧 28　选择其他

选择对象时，有时会由于对象在模型的内侧、型腔中而难以选择，甚至为了选择对象需要不断调整视角，造成选择效率低下。此时可用鼠标右键单击待选对象附近的任一对象，然后在弹出的关联工具栏中选择【选择其他】，如图 3-10a 所示；系统会将所选对象附近及被遮挡的对象列在清单里供选择，如图 3-10b 所示，根据需要将鼠标移至选择列表中的相应项目处，单击鼠标即可选中该对象。

当右键选择的是一个面时，该面会被自动隐藏，以便看到模型内部，如图 3-10c 所示，进一步提高了对象的可选性。

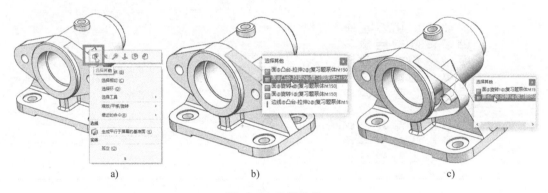

a)　　　　　　　　　　　b)　　　　　　　　　　　c)

图 3-10　选择其他

技巧 29　1/4 剖面视图

对于型腔类模型而言，很多时候需要表达出图 3-11 所示的 1/4 剖面视图，此时可以通过【剖面视图】🔲功能来实现。

单击【剖面视图】命令，弹出图 3-12 所示对话框，在对话框中选择【分区】，并在下方的【剖面 1】与【剖面 2】中选择两个互相垂直的基准面（平面），选择完后切换至【分区】下方的【选定要生成剖面的区域】对话框，此时在绘图区出现区域显示预览，根据需要选择需剖切去除的区域即可。

图 3-11　1/4 剖面视图

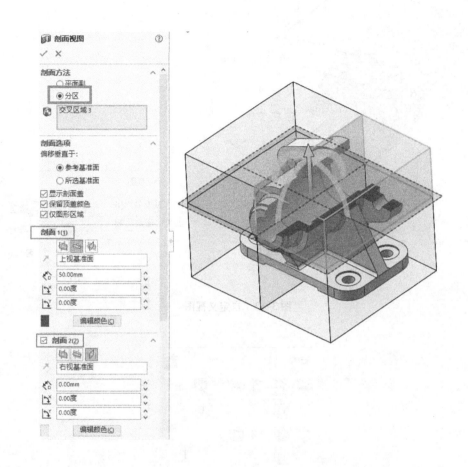

图 3-12　剖面设置

技巧 30　自定义视图

建模过程中有时需要在特定角度观察模型对象，尤其是在渲染过程中，而操作过程又需要随时更换视角，这就需要将这个特定视角记录下来，方便下次快速切换回去。

此时可以通过自定义视图来实现，首先找出所需的视角，按键盘上的空格键，在弹出的图 3-13a 所示的【方向】工具栏中选择【新视图】命令，在弹出的【命名视图】对话框中对新的视图进行命名，如图 3-13b 所示。

单击【确定】，此时刚命名的视图会出现在视图列表中，如图 3-14 所示，下次需回到该视角时，只需按键盘上的空格键，然后在视图列表中直接选择该视图即可快速切换回该视角。

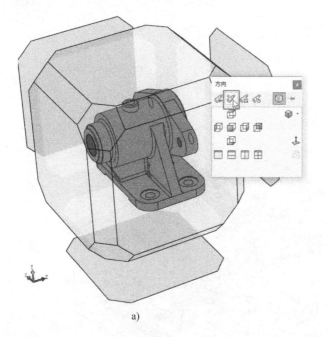

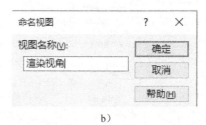

a) b）

图 3-13 自定义视图

图 3-14 自定义视图选择

技巧 31 强制重建

建模过程中经常会在特征上出现重建提示⊕，此时需单击【重建模型】进行重建。但当模型较复杂时，使用该命令有时会发现并未完全重建，此时即使关掉模型重新打开也不行，在出现这种情况时就需要用【强制重建】来完成，强制重建的快捷方式是 < Ctrl > 键 + < Q > 键，该命令会强制重建所有特征，保证所有特征全部是更新的状态。

该命令对零件、装配体、工程图、草图均有效，在装配体中只强制重建顶层装配体，如果是多配置文件，可以使用 < Ctrl > 键 + < Shift > 键 + < Q > 键进行所有配置的全部强制重建。

强制重建时间较长，所以不宜频繁使用，只有在出现问题重建更新无效或是复杂模型的最终出图时才使用。

技巧 32　<Ctrl>键+数字键

<Ctrl>键+数字键是 SOLIDWORKS 中针对视向的一系列快捷键，共八个，见表 3-1。掌握这些快捷命令可以在视向切换过程中大大提高效率。

表 3-1　数字快捷键

图　　标	快　捷　键	图　　标	快　捷　键
前视	<Ctrl> + <1>	上视	<Ctrl> + <5>
后视	<Ctrl> + <2>	下视	<Ctrl> + <6>
左视	<Ctrl> + <3>	等轴测	<Ctrl> + <7>
右视	<Ctrl> + <4>	正视于	<Ctrl> + <8>

技巧 33　切边不显示

在 SOLIDWORKS 中，默认的边线显示方式是切边显示，如图 3-15a 所示。但国家标准通常是不显示切边，此时可通过菜单中的【视图】/【显示】/【切边不可见】，切换为切边不可见，如图 3-15b 所示，该操作同样适用于工程图。

注意：在工程图中须选中要更改的视图后再操作。

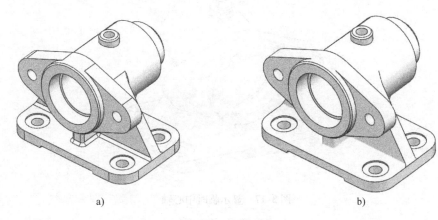

a)　　　　　　　　　　　　　　　　　b)

图 3-15　切边显示

技巧 34　放大镜

放大镜可以在不改变整体显示效果的前提下对局部进行放大观察，可以有效地对细小特征进行查看、对装配体的装配参考对象进行选择。在绘图区按键盘上的<G>键可出现放大镜，如图 3-16 所示。在放大镜状态下，可以通过鼠标中间滚轮进行进一步的缩放操作，并且放大镜可以跟随鼠标移动。

按键盘上的<Esc>键可以退出放大镜。

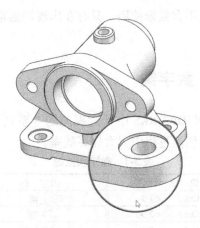

图 3-16 放大镜

技巧 35 显示临时中心轴

每个圆柱和圆锥面都有一条轴线，临时轴是由模型中的圆锥和圆柱隐含生成的，该轴可以作为特征参考对象使用，如阵列中心、基准面参考等，可以设置默认为隐藏或显示所有临时轴。显示临时轴的菜单命令为【视图】/【隐藏/显示】/【临时轴】，显示效果如图 3-17 所示。

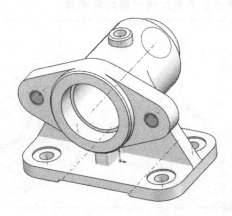

图 3-17 显示临时中心轴

第4章 草图技巧

草图是建模的基础，本章着重讲解草图绘制过程中的操作技巧，充分利用这些技巧可大幅度提高建模效率。

技巧36 Instant 2D

Instant 2D 是草图下的尺寸快速修改工具开关，打开后，可通过 Instant 2D 功能对草图对象进行快速编辑修改。

☞操作方法

1）在【草图】选项卡中打开【Instant 2D】🖼工具（系统默认为打开）。

2）按需要绘制草图，如图4-1所示。

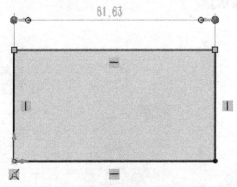

81.63

图4-1　绘制草图

3）选中所需修改的草图尺寸，拖动尺寸界线上的圆点可以快速修改草图尺寸，草图同步更改。

> **注意**：受定义约束的尺寸无法通过拖动改变，如图4-1中尺寸界线的左侧圆点是无法拖动的，因为其同时受竖直线与原点重合的几何关系约束，而不仅仅是尺寸约束。

技巧37 快速正视

正视在草图绘制、模型查看过程中相当重要，如何快速正视对工作效率有着较大影响。正视方法有多种，可根据实际需要灵活选用。

☞操作方法

方法1：勾选【系统选项】/【草图】中的【在创建草图以及编辑草图时自动旋转视图以

垂直于草图基准面】复选框，如图 4-2 所示，这样在新建草图时系统会自动正视基准面。

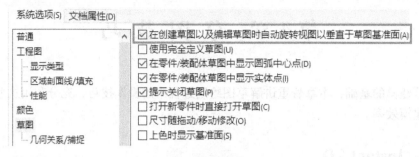

图 4-2　快速正视

　　方法 2：单击工作区左下角的坐标指示的坐标轴，如图 4-3 所示，系统会以点选的坐标轴为正视方向正视模型，再次单击同一坐标轴，系统将自动反向正视。

　　方法 3：按键盘空格键，系统会出现视向选择器，将光标移至视向选择器的面上，在右上角会出现相应的预览辅助选择，在对应面上单击即可快速切换，如图 4-4 所示。

图 4-3　坐标轴

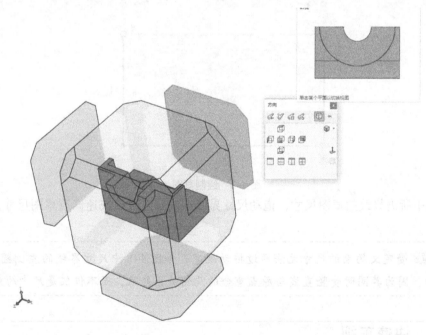

图 4-4　视向选择器

　　方法 4：通过自定义快捷键的方法来实现。在工具栏上单击鼠标右键，出现图 4-5 所示菜单，选择【自定义】，出现图 4-6 所示对话框，找到【键盘】/【其它】/【正视于】，在其后的【快捷键】栏直接输入想要的快捷键，可以是字母、数字、功能键或其组合，定义完成后单击【确定】退出该对话框，在草图环境中可直接按刚定义的快捷键进行快速正视。

图 4-5 自定义命令

图 4-6 【自定义】对话框

技巧 38　改变草图基准方向

新建草图时，有时会发现系统默认的 X、Y 方向与期望的不一致，这对绘图、标注均非常不利，有时还会产生不必要的错误。

☞ 操作方法

按住键盘上的 <Shift> 键，再按键盘方向键（四个方向键均可），每按一次会旋转 90°，通过这种方法很容易改变基准方向，如图 4-7 所示。

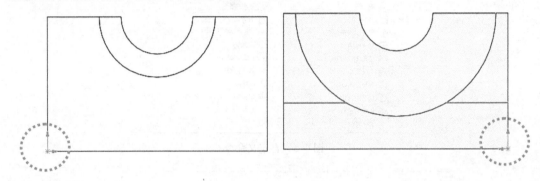

图 4-7　改变基准方向

> **注意**：一定要注意坐标零点的位置，图 4-7 中的红色箭头标记（虚线圆圈处），否则有可能给标注带来困难。

技巧 39　连续线与单一直线

直线是草图中最常用的功能之一，SOLIDWORKS 默认绘制连续线，但大部分情况下只需要绘制不连续的单一直线。

☞ 操作方法

连续线：单击选择起点，再次单击选择终点，系统默认将上一条线的终点作为下一条线的起点绘制连续线，如图 4-8 所示。结束连续线绘制有多种方法：①双击鼠标；②按键盘上的 <Esc> 键；③单击鼠标右键，在弹出的快捷菜单中选择【结束链】。

单一直线：单击选择起点，按住鼠标左键不放，移动光标至线段终点再松开鼠标左键，即可绘制单一直线，如图 4-9 的所示。

> **注意**：绘制完一条单一直线后，可以继续绘制下一条直线，直至退出直线命令。

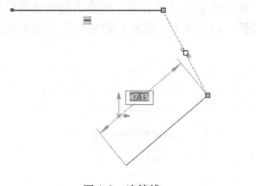
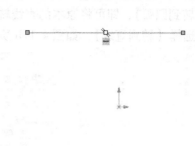

图 4-8　连续线　　　　　　　　　　　图 4-9　单一直线

技巧 40　直线与圆弧

直线与圆弧是草图中最基本的两个元素，通常在一个草图中既包含直线，又包含圆弧，可以通过特定的操作在直线与圆弧之间进行快速切换。

☞操作方法

方法 1：在绘制连续线的状态下，绘制第二条线时将光标移至第一条线的终点，再移开，即可将原本的直线转换成圆弧，如图 4-10 所示。

如果圆弧方向不合理，可再次换个角度将光标移至第一条线的终点，再移开。

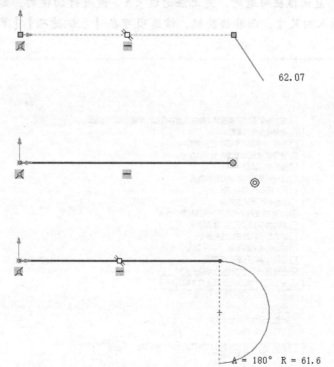

图 4-10　直线与圆弧的切换

方法 2：在绘制连续线的状态下，绘制第二条线时单击鼠标右键，在弹出的快捷菜单中选择【转到圆弧】，即可将原本的直线转换成圆弧，如图 4-11a 所示；如果当前绘制的是圆弧，则选择【转到直线】，如图 4-11b 所示。

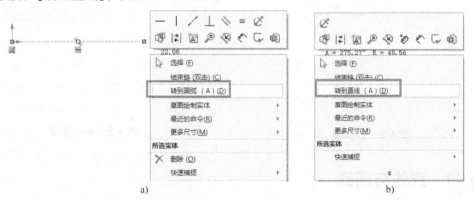

图 4-11　转到圆弧（直线）

方法 3：绘制时，通过键盘上的快捷键 <A> 进行直线与圆弧间的快速切换。

> 注意：
>
> 1）方法 3 的快速切换在连续线绘制状态下才有效，如果是首先绘制的圆弧，则无法转换成直线。
>
> 2）使用键盘上的快捷键 <A> 时可能与尺寸输入有冲突。当【在生成实体时启用荧屏上数字输入】复选框被勾选时，是无法通过 <A> 键进行切换的，因为系统会认为此时的 "A" 是输入的尺寸，而非快捷键，该选项可在【系统选项】/【草图】下设置，如图 4-12 所示。

图 4-12　关闭数字输入

技巧 41　快速绘制虚拟交点

绘制草图或标注尺寸时，有时会从两条线的交点开始，但有时交点在两条线的延长线上，此时就需要快速找到其交点来提高效率。

☞ 操作方法

1）按住键盘上的 < Ctrl > 键，同时选中两条需找到交点的直线，如图 4-13 所示。

2）选好直线后单击工具栏中的【点】⊡命令，生成交点，如图 4-14 所示。

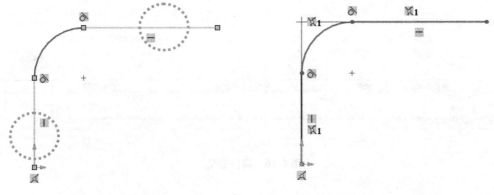

图 4-13　选择对象　　　　　　　　　　　　图 4-14　生成交点

3）点的形式可以根据需要进行选择，通过【选项】/【文档属性】/【绘图标准】/【虚拟交点】进行更改，如图 4-15 所示。

图 4-15　交点形式定义

注意：此操作方法同样适用于在直线与圆弧、圆弧与圆弧之间找交点，前提是延长后能交于一点。

技巧 42　文字链接

通常草图中的文字都是根据需要输入的，但有时文字需要与某个特定属性相关联，如配置名称、零件名称等，这样在属性变更后，草图文字也会自动变更，以保持其一致性。

☞操作方法

1）在文件【属性】里输入所需的属性名称与内容，如图 4-16 所示。

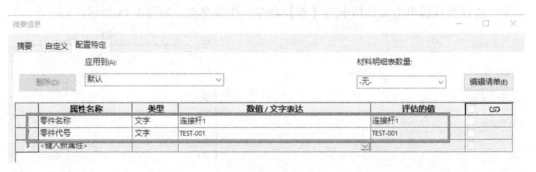

图 4-16　属性定义

2）进入草图，使用【文字】功能进行文字标注，如图 4-17 所示。

3）单击【链接到属性】图标。

4）在【链接到属性】对话框中选择所需链接的属性，选择第一步所定义的"零件名称"属性，如图 4-18 所示。

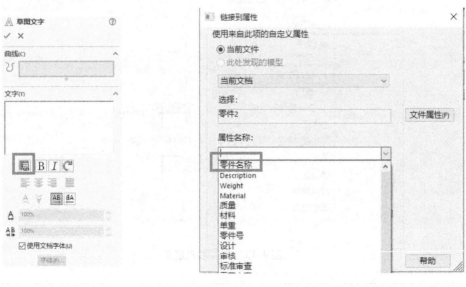

图 4-17　编辑文字　　　　　　　　图 4-18　链接到属性

5）单击【确定】退出对话框，属性内容已变成当前草图文字，如图 4-19 所示。

连接杆1

图 4-19　链接结果

6）根据需要更改文字的字体、字号等后，单击【确认】退出，当文件属性的内容变更后，此处的草图文字将自动变更。

> 注意：在系列零件设计中，通过该功能可以很容易地将系列的属性信息标注到草图中。

技巧 43　链接数值

【链接数值】选项用来设置两个或多个尺寸相等，当尺寸以这种方式链接起来后，该组中的任何成员都可以当成驱动尺寸使用。改变链接数值中的任意一个数值都会改变与其链接的所有其余数值。

操作方法

1）草图绘制好后，对草图进行尺寸标注。在弹出的【修改】对话框中输入正确的尺寸数值并单击【确定】✓完成尺寸标注，如图 4-20 所示。

2）在第一步中创建的尺寸上单击鼠标右键，在弹出的快捷菜单中选择【链接数值】，如图 4-21 所示。

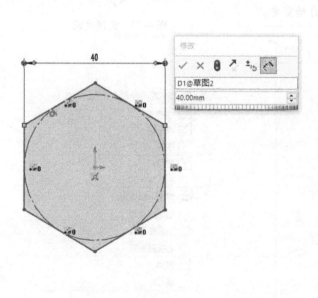

图 4-20　标注尺寸

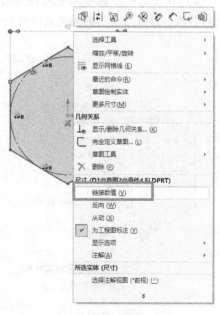

图 4-21　链接数值

3）系统弹出【共享数值】对话框，在【名称】栏中输入一个变量名称，如"A"，如图 4-22 所示，单击【确定】按钮完成链接数值的创建。

图 4-22　输入变量

4）"⚭"标识随尺寸出现在图形区域中，如图 4-23 所示，变量名称将取代原尺寸的名称成为链接尺寸的新名称 a@草图2 。

5）新的草图尺寸如需与该变量链接，则在指定尺寸上单击鼠标右键，选择【链接数值】，再选中该变量即可。

6）若需解除链接数值，则在该尺寸上单击鼠标右键，在弹出的快捷菜单中单击【解除链接数值】，如图 4-24 所示。

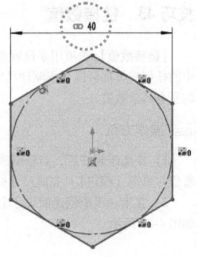

> 注意：
> 1）链接的尺寸名称及其当前数值出现在 FeatureManager 设计树的【方程式】文件夹中，如图 4-25 所示。
> 2）在任意一个链接尺寸处均可对该共享尺寸进行修改，修改后所有的相关尺寸均会自动变更。

图 4-23　链接完成

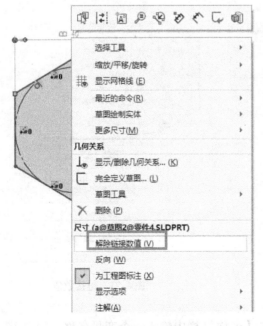

图 4-24　解除链接数值

图 4-25　链接记录位置

技巧 44 方程式

很多时候需要在参数之间创建关联，但却无法通过使用几何关系或常规的建模技术来实现该关联。此时，可以使用方程式来创建模型中尺寸之间的数学关系。

☞ 操作方法

SOLIDWORKS 中的方程式形式为因变量 = 自变量。例如，在方程式 $A = B$ 中，系统由尺寸 B 求解尺寸 A，用户可以直接编辑尺寸 B 并进行修改。一旦方程式写好并应用到模型中，就不能直接修改尺寸 A，系统只按照方程式控制尺寸 A 的值。因此，用户在开始编写方程式之前，应该决定哪个参数驱动方程式（自变量），哪个参数被方程式驱动（因变量）。

1）在需添加方程式的尺寸上双击鼠标左键，在弹出的对话框中输入" = "替代原有尺寸，如图 4-26 所示。

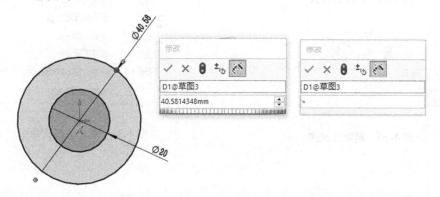

图 4-26 修改尺寸

2）根据需要，单击方程中需参考的目标尺寸，此时该参考尺寸的变量名会出现在对话框中，再输入方程关系，如" * 2"，如图 4-27 所示。系统支持包括四则运算、三角函数在内的大部分运算规则。

3）输入完方程式后单击【确定】退出【修改】对话框，此时尺寸前会有"Σ"标识，表示该尺寸由方程式驱动，如图 4-28 所示。

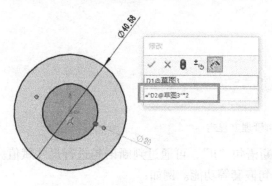

图 4-27 输入方程式

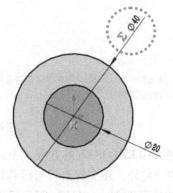

图 4-28 方程式标识

4）若需修改该方程式，则在该尺寸上双击鼠标左键，在出现的【修改】对话框中进行修改即可，如图 4-29 所示。

5）若需删除该方程式，则在【修改】对话框中删除"="即可，如图 4-30 所示。

6）如果建模过程中使用了大量的方程式，则可通过【管理方程式】选项进行统一管理。在设计树中的【方程式】上单击鼠标右键，在弹出的快捷菜单中选择【管理方程式】，如图 4-31 所示，系统弹出图 4-32 所示的方程式编辑管理对话框，可在该对话框中对方程式进行统一编辑管理。

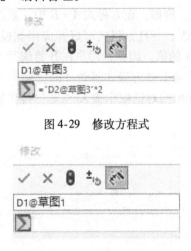

图 4-29　修改方程式

图 4-30　删除方程式

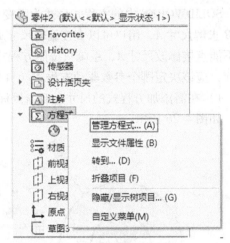

图 4-31　管理方程式命令

图 4-32　编辑管理方程式

7）在 SOLIDWORKS 的方程式中，支持判断语句"if"，可通过判断语句进行尺寸赋值。除基本的语句外，还支持语句与运算结合、语句嵌套等功能。例如：

"D3@草图 1" = if ("D1@草图 1" >180, 20, 30)

——如果"草图 1"的尺寸"D1"值大于 180，则"D3"值为 20，否则为 30

"D3@草图1" = if ("D1@草图1" >180, 20, 30) +3

——执行完判断赋值后再加3

"D3@草图1" = if ("D1@草图1" >180, 20, if ("D2@草图1" >100, 40, 50))

——语句嵌套，执行第一个判断后，如果不符合，则继续根据第二个语句进行判断，然后再赋值。

注意：

1）系统为尺寸创建的默认名称含义较为含糊，为了便于其他设计人员理解方程式并知道方程式控制的是什么参数，用户应该把尺寸名称改为更有逻辑并容易理解的形式。

2）方程式的使用在不同版本的 SOLIDWORKS 中差异较大，使用时应注意区别。例如，在 2012 版本以前，判断语句为"iif"。

3）为了让其他人员更容易读懂方程式，可以在 SOLIDWORKS 里给方程式添加评论。在编辑方程式对话框时，在评论开始处使用记号"'"（单引号），此记号后面的内容仅作为注释而不参与运算。

技巧45　标注锁定

【标注锁定】用于在标注斜度较小或夹角较小的尺寸时，快速锁定期望的标注形式。

☞操作方法

1）在标注这类尺寸时，鼠标的些许移动就会使标注形式发生改变，在水平标注、垂直标注、线性标注之间不停切换（见图4-33），难以控制，这时就需要锁定所需的标注形式。

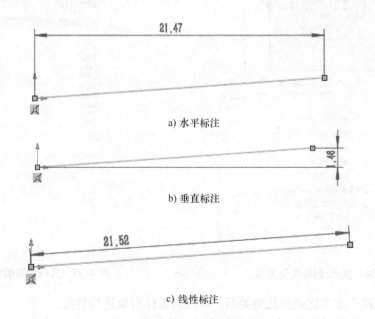

a) 水平标注

b) 垂直标注

c) 线性标注

图4-33　尺寸标注

2）标注时移动光标，直到预览到所需的尺寸标注形式，此时光标显示为，单击鼠标右键锁定该标注类型，此时光标变为，锁定后就可以任意移动光标到期望的位置单击鼠标放置尺寸了，而不用担心尺寸会跳转。

3）该方法同样适用于角度的标注。

> 注意：如果锁定错误，可再次单击鼠标右键解除锁定。

技巧 46 显示/删除几何关系

草图中有多个几何关系与尺寸，通过【显示/删除几何关系】可以在一个对话框中进行编辑、修改，有利于草图的整体规划。

☞操作方法

1）在草图任意位置单击鼠标右键，选择【显示/删除几何关系】，如图 4-34 所示。

2）在出现的对话框中会列出当前草图的所有几何关系与尺寸关系，如图 4-35 所示，可根据需要选中需编辑的关系，进行压缩或删除。

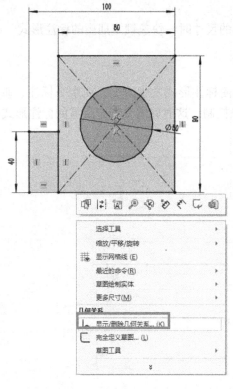

图 4-34 显示/删除几何关系

图 4-35 几何关系编辑

3）如果是两个实体之间的几何关系，可以对实体对象进行替换。

① 选中需替换的【距离 6】，在下方的【实体】栏内会出现该尺寸的两个关联实体，如图 4-36 所示。

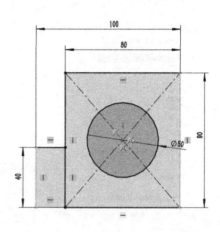

图 4-36　几何关系替换

② 选择其中的【直线 8】，然后单击下方【替换】右侧的空白框，选择大矩形左侧竖边线【直线 6】，如图 4-37 所示。

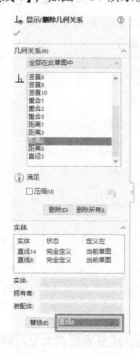

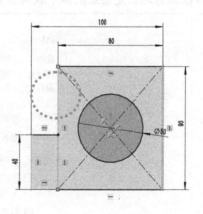

图 4-37　选择替换对象

③ 选择完成后单击【替换】，完成参考实体的替换，结果如图 4-38 所示。

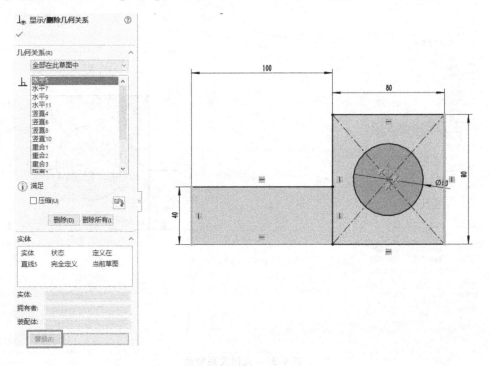

图 4-38　替换结果

> **注意：**该操作方法同样适用于在装配体中对零件草图的修改，此时如果几何关系参考的是装配体中的另一个零部件，则在下方会列出相关参考对象，如图 4-39 所示。这样就可以很容易地在复杂装配体中找到当前几何关系的参考来源了。

图 4-39　查看参考对象

技巧 47　完全定义草图

草图中存在大量的几何关系与尺寸，按传统的一一标注的方式需要花费大量时间，尤其是从第三方软件复制来的草图更为明显，通过【完全定义草图】命令可以快速对草图对象进行标注。

☞**操作方法**

1）由于【完全定义草图】命令在工具栏中默认是不出现的，需要通过自定义将该功能拖至工具栏中。

2）根据需要绘制草图，如图4-40所示。

3）单击【完全定义草图】命令，出现图4-41所示对话框，选中【草图中所有实体】单选按钮将对所有对象进行定义，同时选择需要添加的几何关系（默认值即可），选择尺寸的参考对象，参考对象可以是点也可以是直线，系统默认的是以原点为参考。

4）设定完成后，单击【确定】，系统将自动生成相应的几何关系与尺寸，如图4-42所示，再根据需要进行相应修改即可，这可以大大节省在标注上花费的时间。

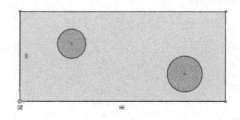

图4-40　绘制草图　　　　　　　　　　图4-41　【完全定义草图】对话框

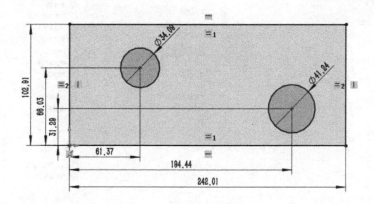

图4-42　完全定义结果

注意：除了标注所有实体外，还可以通过【所选实体】选项进行有选择性的标注。

技巧 48　检查草图合法性

不同的特征，对草图的要求也不一样，如何快速检查草图是否符合特征要求，对草图绘制效率影响较大，越复杂的草图越明显。

操作方法

1）绘制图 4-43 所示草图。

2）选择菜单栏中的【工具】/【草图工具】/【检查草图合法性】，如图 4-44 所示。

3）在出现的对话框中选择该草图用于何种特征，如图 4-45 所示。也可不选，若不选，则系统将检查草图是否封闭。

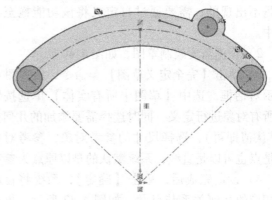

图 4-43　绘制草图

图 4-44　选择命令

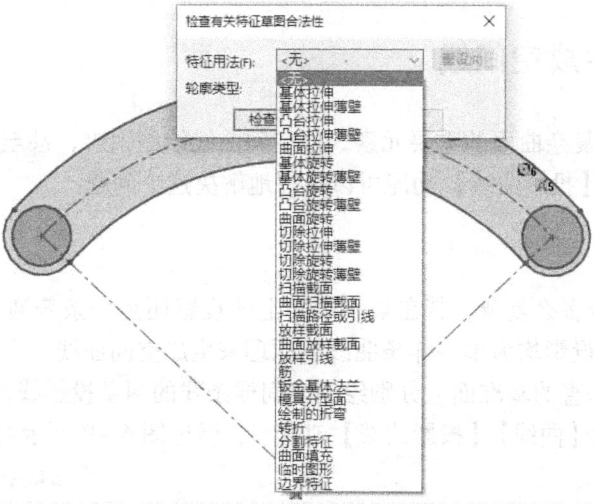

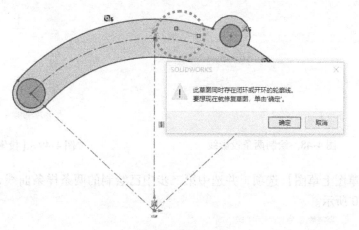

图 4-45 选择检查目的

4）系统给出检查结果，提示存在开环轮廓，并高亮显示该开环轮廓以方便修改，如图 4-46 所示。

图 4-46 检查结果

5）如果草图全为闭环轮廓，则出现图 4-47 所示提示，退出后进行后续的特征操作。

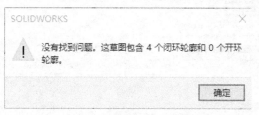

图 4-47 正确的草图检查结果

注意：该功能较为常用，但系统没有设定工具图标，可以将该命令定义为快捷键或配置在鼠标笔势中来提高效率。

技巧 49　快速生成空间线

空间曲线是构建复杂曲面的重要元素，但空间曲线绘制困难，甚至会成为曲面建模学习的"拦路虎"，通过【投影曲线】功能可以很好地解决这个问题。

☞ **操作方法**

1）不管空间曲线多么复杂，其在某一平面上的投影还是一条普通的样条曲线，根据空间曲线在两个面上的投影均为单一样条曲线的原理来生成空间曲线。

2）在两个相互垂直的基准面上分别绘制空间样条线的两条投影线，如图 4-48 所示。

3）选择【特征】/【曲线】/【投影曲线】功能，弹出图 4-49 所示对话框。

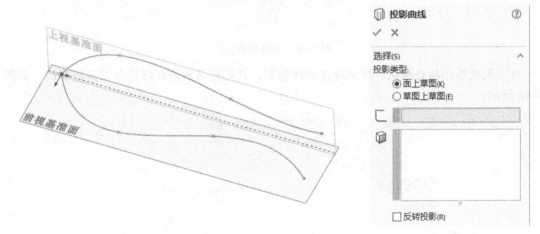

图 4-48　绘制两条投影线　　　　　　　　　　图 4-49　【投影曲线】对话框

4）选择【草图上草图】选项，并选中第二步中已绘制的两条样条曲线，出现空间曲线预览，如图 4-50 所示。

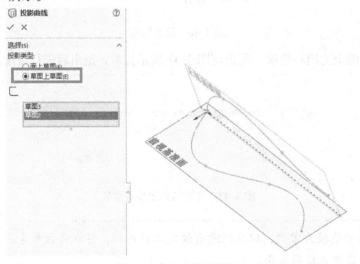

图 4-50　空间曲线预览

5）单击【确定】退出，即可生成图 4-51 所示的空间曲线。

图 4-51 投影结果

注意：参考基准面可以是任意两个相互垂直的基准面。

技巧 50 快速镜向

镜向⊖实体是草图中使用频率较高的一种编辑命令，但在使用命令过程中需多次单击选择对象对话框，使得操作效率大大降低。使用快速镜向操作，不用切换至对话框即可快速完成镜向操作。

☞操作方法

1）绘制图 4-52 所示的基本草图。

2）选择【草图】/【镜向实体】命令，弹出图 4-53 所示对话框。

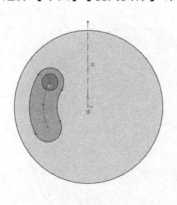

图 4-52 绘制基本草图

图 4-53 【镜向】对话框

3）无需在对话框中进行任何操作，直接选择要镜向的实体即可，如图 4-54 所示。

4）选择完最后一个要镜向的实体后直接单击鼠标右键，注意这是关键，此时鼠标一侧提示右键代表确认。

⊖ "镜向"应为"镜像"，为与软件保持一致，本书采用"镜向"。——编者注

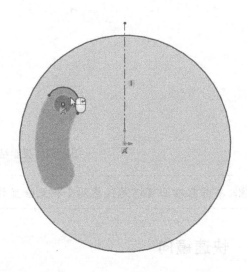

图 4-54　选择镜向对象

5）选择镜向点（中间的轴线），出现镜向预览，如图 4-55 所示，选择完成后直接单击鼠标右键即可。

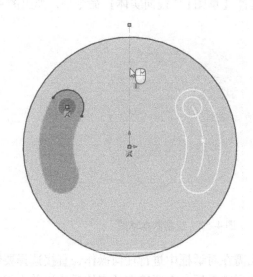

图 4-55　选择镜向点

6）系统完成镜向操作并自动退出镜向功能，生成图 4-56 所示结果。

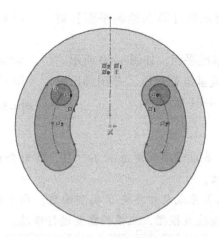

图 4-56　镜向结果

注意： 对于单击鼠标右键可以直接在对话框输入栏之间进行切换并确认的操作方式，在执行其他命令时也可以使用，使用时应注意观察，对于提高效率有较大好处。

技巧 51　更改草图基准面

草图是建立在基准面基础之上的，当基准面选择得不正确时，需要更改基准面，而不是重新做一次草图。

☞ **操作方法**

1）如图 4-57 所示，草图圆是以上表面为基准面绘制的，现需要转为以侧面为基准面。

2）在设计树中单击鼠标左键选择需更改基准面的草图，在出现的快捷工具栏中选择【编辑草图平面】，如图 4-58 所示。

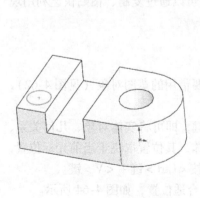

图 4-57　草图原位置

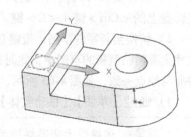

图 4-58　编辑草图平面

3）系统弹出图 4-59 所示的【草图绘制平面】对话框。

4）选择侧面作为新的基准平面，如图 4-60 所示。

5）单击【确定】后完成基准面修改，草图圆已附加在新的基准平面上，如图 4-61 所示。

图 4-59 【草图绘制平面】对话框

注意：

1）由于新基准面与原基准面的草图原点不一样，有时会出现草图位置偏差较大的情况，应根据需要进行修改。

2）如果原草图的几何关系或尺寸参考了模型面线，由于新的基准面不一定与原参考对象保持同一关系，可能造成报错，应根据需要进行修改。

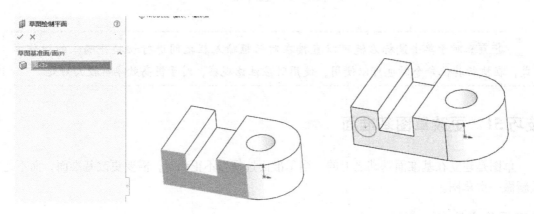

图 4-60 选择新的基准面　　　　　　　　图 4-61 修改完成

技巧 52　草图的复制、粘贴

在产品改型参考设计时，会用到原有模型的部分草图，可以通过复制、粘贴快速利用现有草图。

操作方法

1）打开要参考的模型并进入草图编辑状态，选中所有要借用的草图对象（见图 4-62），按键盘上的 < Ctrl > 键 + < C > 键。

2）切换至新零件草图，按键盘上的 < Ctrl > 键 + < V > 键，即可将实体对象、几何关系、尺寸全部粘贴至新的草图中，此时粘贴过来的草图是一个整体，其位置取决于当前光标位置，并非与原点一致，如图 4-63 所示，可将光标移至合适位置再按 < Ctrl > 键 + < V > 键。

3）通过【草图】/【移动实体】将粘贴过来的草图移至合适位置，如图 4-64 所示。

注意：该操作方法同样适用于从 AutoCAD 中复制草图到 SOLIDWORKS 中。

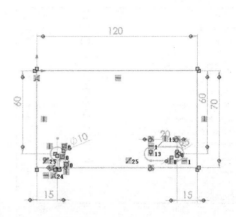

图 4-62 选择要复制的草图对象

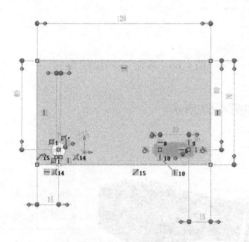

图 4-63 粘贴草图

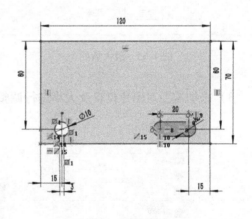

图 4-64 修改草图位置

技巧 53 图片描边

根据现有实物图片进行建模时，需要描出与参考实物相吻合的边线，这是一项耗时费力的工作，通过自动描边可以快速进行描边处理。

操作方法

1）自动描边是一个独立的插件功能，使用前需要启动"Autotrace"插件，勾选该插件前的复选框即可，如图 4-65 所示。

2）新建草图，通过【草图】/【草图图片】功能，选择要参考的图片并调入当前草图，系统支持的图片格式如图 4-66 所示。

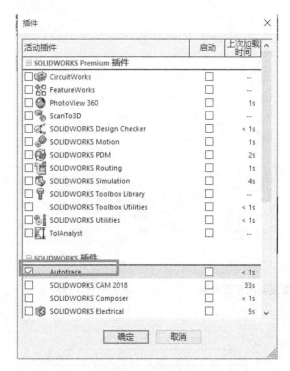

图 4-65　载入插件　　　　　　　　　　　图 4-66　系统支持的图片格式

3）根据需要对图片位置及大小进行调整，如图 4-67 所示。

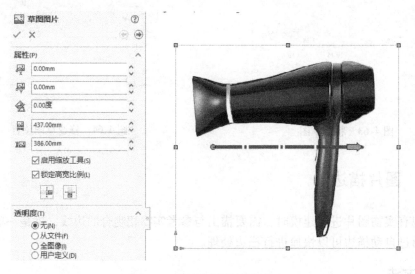

图 4-67　调整图片位置及大小

4）单击【草图图片】对话框右上角的 ⊛ ⊛ 右向箭头进入描边功能，如图 4-68 所示。

5）通过【选取工具】选择要描边的图片范围，如图 4-69 所示。

6）单击【开始跟踪】，系统使用样条曲线对图片边缘进行描边处理，如图 4-70 所示。

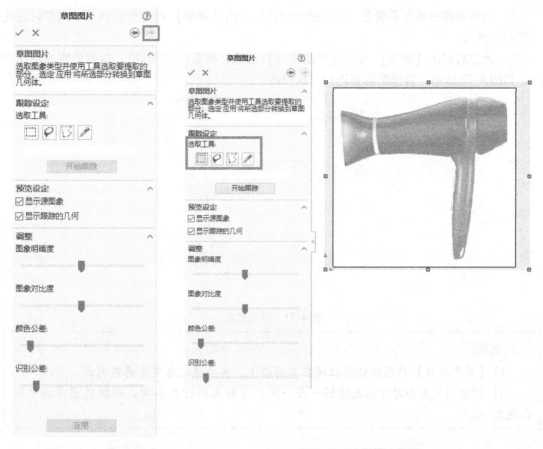

图 4-68　进入描边选项

图 4-69　选择描边范围

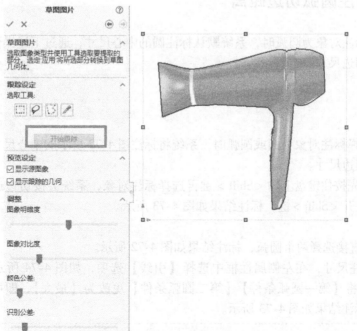

图 4-70　开始跟踪对象

7）如果对描边结果不满意，可以通过对话框中的【调整】进行相应调整，调整时边线是实时更新的。

8）满意后单击【确定】退出【草图图片】功能，将图片"压缩"，得到所需的草图边线，如图 4-71 所示，再根据需要进行二次修改。

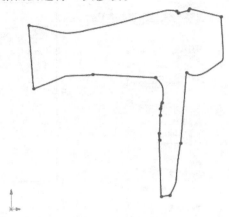

图 4-71　描边完成

注意：

1）【草图图片】功能默认不出现在工具栏上，需要通过自定义将其调出。

2）调整图片大小时可以先绘制一条一定尺寸的直线作为参考，以便将图片调整到合适大小。

技巧 54　标注圆弧切边距离

当所选择标注对象为圆弧时，系统默认标注圆的中心尺寸，通过下述操作方法可以很容易地标注最大切边尺寸。

操作方法

方法 1：

1）当所选择标注对象为圆或圆弧时，系统将标注图 4-72 所示的中心尺寸。但有时需要标注的是最大切边尺寸。

2）标注时先按住键盘上的 <Shift> 键再选择标注对象，系统会按切边进行标注，选择完对象后即可松开 <Shift> 键，标注结果如图 4-73 所示。

方法 2：

1）标注时直接选择两个圆弧，标注结果如图 4-72 所示。

2）选中标注尺寸，在左侧属性框中选择【引线】选项，如图 4-74 所示。在最下方的【圆弧条件】中将【第一圆弧条件】【第二圆弧条件】更改为【最大】，即可切换至最大切边标注状态，标注结果如图 4-73 所示。

注意：采用该方法无效时，可通过增加辅助切线的方法进行标注。

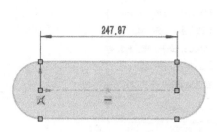

图 4-72 标注中心尺寸

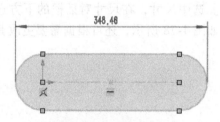

图 4-73 标注最大切边尺寸

图 4-74 更改尺寸引线

技巧 55 单位的转换

根据设计环境的要求，有时在同一草图中需要标注不同的尺寸单位。

☞ 操作方法

方法 1：在尺寸输入框中输入尺寸后，在其下方的【单位】处选择需要的单位，如图 4-75 所示。此时，输入的尺寸会自动转化为当前单位进行标注，如输入"1in"，系统会自动转换为"25.4mm"。

方法 2：在尺寸输入框中，直接在尺寸后输入单位，如"in"，如图 4-76 所示。

图 4-75 更改尺寸单位

图 4-76 直接输入尺寸单位

方法3：快速改变整个文档的单位。单击屏幕右下角的【自定义】，在弹出的列表中选择所需的单位，如图4-77所示。

图4-77　更改文档单位

方法4：标注两种尺寸单位的尺寸以方便对照。选中尺寸，在尺寸对话框的下方选择【双制尺寸】，此时尺寸线上会同时标注两个尺寸，如图4-78所示，还可根据需要更改其尺寸精度。

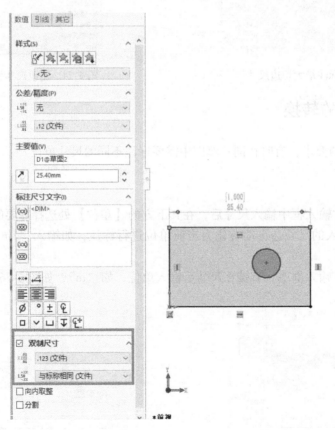

图4-78　标注双制尺寸

注意： 在尺寸输入框中输入尺寸时，尺寸值与单位之间允许存在空格。

技巧 56　快速生成平行基准面

通过平行于已有基准面的方式创建基准面是一种较为常见的基准面创建方式，尤其是在多截面放样中。

☞操作方法

1）选中用于参考的基准面，如图 4-79 所示。

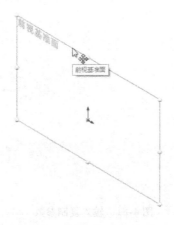

图 4-79　选中参考基准面

2）按住键盘上的 < Ctrl > 键，同时鼠标左键按住所选参考基准面并拖动鼠标，如图 4-80 所示。

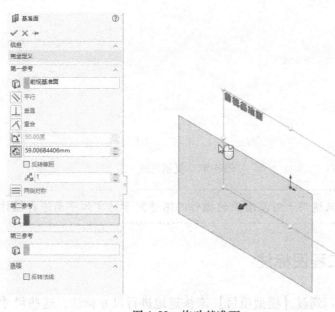

图 4-80　拖动基准面

3）在参数对话框中输入等距距离与所需的基准面数量，如图 4-81 所示。

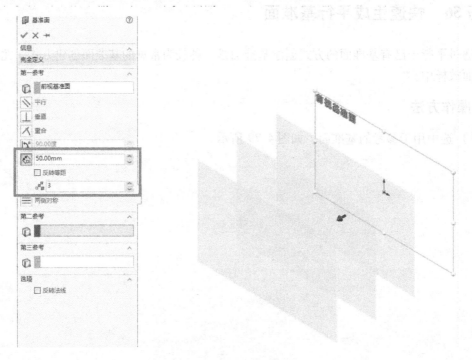

图 4-81　输入复制参数

4）单击【确定】退出命令，得到所需的基准面，如图 4-82 所示。

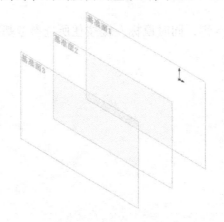

图 4-82　复制完成

> **注意:** 该方法只适用于对基准面的操作而不适用于对实体平面进行操作。

技巧 57　取消工程图标注

在工程图中，可以通过【模型项目】来快速地进行尺寸标注，这些尺寸并非凭空生成的，而是根据模型里的草图尺寸生成的，这会将一些辅助对象的无关尺寸也带到工程图里，需要找到这些无效尺寸并进行删除操作，额外地增加了工作量，而在草图中就可以标定不带入工程图中的辅助尺寸。

操作方法

1）在无需带入工程图中的尺寸上单击鼠标右键，在出现的菜单中取消【为工程图标注】复选框的勾选，如图4-83所示。该选项默认为勾选状态，如果不进行更改，则所有尺寸均带入工程图中。

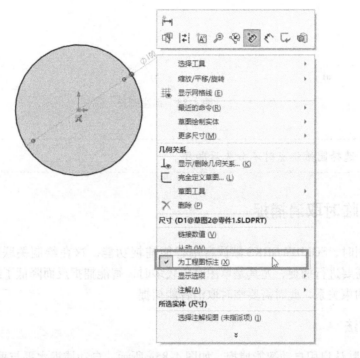

图4-83 取消选中【为工程图标注】选项

2）取消为工程图标注的尺寸，其文字颜色变为紫色，可以很容易地区别于其他标注尺寸。

注意：该选项与"从动"无关，从动尺寸默认也是带入工程图中的。

技巧58 标注弧长

SOLIDWORKS的标注命令中没有针对弧长的标注功能，那么，需要标注弧长时该如何操作呢？

操作方法

1）单击【智能尺寸】，选择需要标注的圆弧，如图4-84a所示。
2）单击圆弧的一个端点，如图4-84b所示。

3）单击圆弧的另一个端点，如图 4-84c 所示。

4）在合理的位置放置弧长尺寸即可。

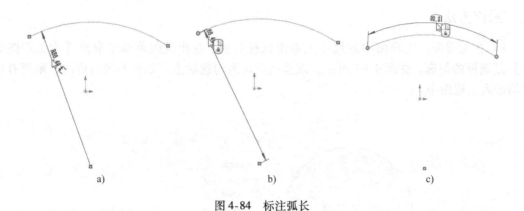

图 4-84　标注弧长

注意：选择圆弧端点时不分先后顺序。

技巧 59　临时取消捕捉

绘制草图时，SOLIDWORKS 默认启用智能捕捉功能，这在绘制关联对象时相当有效，但有时并不需要进行捕捉，尤其是草图对象较多时，智能捕捉反而降低了绘图效率，增加了额外的几何约束关系，此时需要临时取消智能捕捉。

操作方法

1）系统默认启用自动智能捕捉，如图 4-85a 所示，自动捕捉水平与垂直相关点。

2）按住键盘上的 <Ctrl> 键，此时智能捕捉取消，如图 4-85b 所示，再按常规方法绘制对象即可。

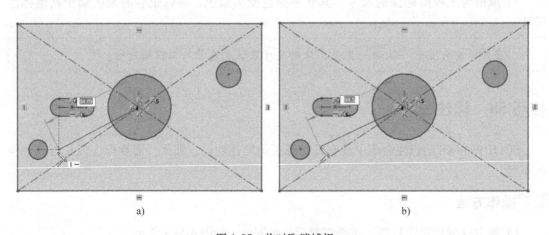

图 4-85　临时取消捕捉

注意：该操作仅取消当前的智能捕捉，并不影响后续的智能捕捉。

技巧 60　剪裁与延伸

剪裁与延伸是草图中使用得很频繁的编辑工具，对于剪裁，其中的【强劲剪裁】选项可以很容易地进行剪裁操作，那么，延伸有没有好的方法呢?

☞操作方法

1）使用【剪裁实体】命令，选择【强劲剪裁】选项，如图 4-86 所示。

2）单击要延伸的对象，如图 4-87a 所示。

3）将鼠标移至延长终点的参考对象上，单击鼠标左键，完成操作，如图 4-87b 所示。

注意：单击需延长的对象时，要选择接近延长终点参考对象的一侧。

图 4-86　强劲剪裁

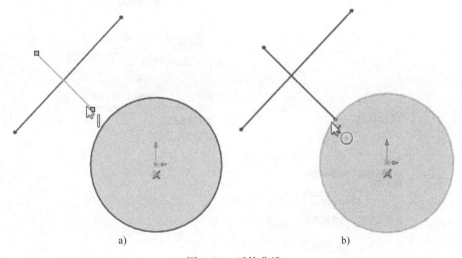

　　　a)　　　　　　　　　　　　　b)

图 4-87　延伸曲线

技巧 61　草图诊断

草图绘制过程中，尺寸关系、几何关系有时会发生有冲突，软件会提示错误并将部分草图对象变为黄色或红色以示警告。草图对象较多时查找解决方案较为费时，此时可以使用草图诊断功能。

☞操作方法

1）出现问题的草图会变为图 4-88 所示的显示状态，此时在屏幕最下方的状态栏中会出现相应的警告性提示，如"过定义""无法找到解"等。

2）单击状态栏的提示，出现图 4-89a 所示的对话框。

3）单击【诊断】，系统会智能地判断问题并给出一系列可能的解，如图 4-89b 所示，可以单击切换按钮查看不同的解决方案。

4）找到合适的解后单击【接受】，系统弹出确认框，并在绘图区给出相应提示，如图 4-90 所示，单击【确认】即可完成修改。

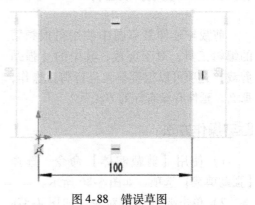

图 4-88 错误草图

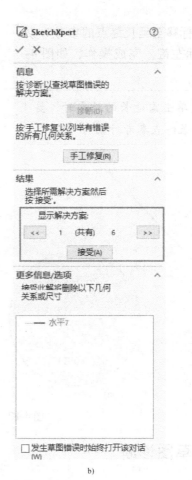

a)   b)

图 4-89 草图诊断

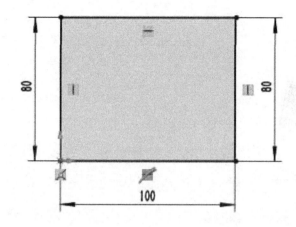

图 4-90 接受系统修改

注意：该功能也可通过菜单的【工具】/【草图工具】/【SketchXpert】进入，该功能在草图正常的情况下为灰色不可用状态，只有在草图出现问题后才可使用。

技巧 62　导入 DWG 到草图

在已有二维图的基础上进行三维建模时，充分利用原有二维图信息能大大提高建模效率。DWG 格式是一种较普遍的二维图格式，在导入时利用 SOLIDWORKS 的导入功能并对信息进行合理的处理，能减少后续处理的时间。

操作方法

1）选择需要作为导入二维图基准的基准面。

2）选择菜单栏中的【插入】/【DXF/DWG】，选择需导入的 DWG 文件，出现图 4-91 所示的界面。

3）单击【下一步】，出现图 4-92 所示对话框，由于 DWG 文件中图层用得较多，如尺寸线层、中心线层、虚线层等，而大部分图层信息在 SOLIDWORKS 的草图中并不需要，因此，在该对话框中取消不需要的图层能大大减少后续编辑时间。需要注意的是，单位要与原始 DWG 文件吻合。

4）单击【下一步】，出现图 4-93 所示对话框，在该对话框中主要进行两部分操作：一是确定用于定位的原点，定义原点时直接在图形区点选即可；二是在图形区选择并删除不需要的线条，只留下需要的图形信息（图 4-94），而不是导入 SOLIDWORKS 后再修改。

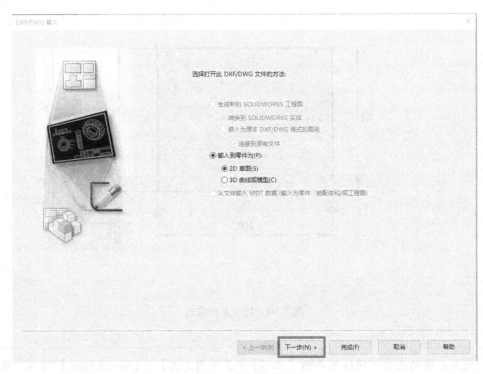

图 4-91 插入 DWG 文件

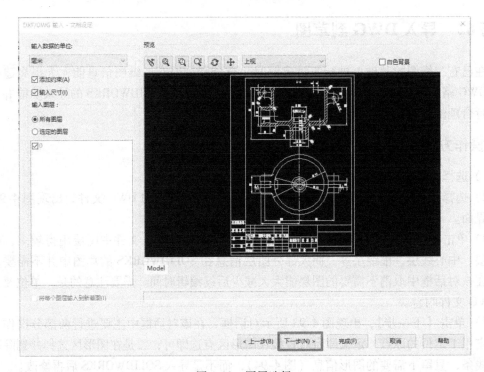

图 4-92 图层选择

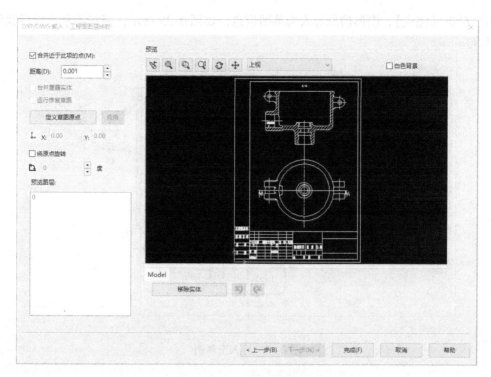

图 4-93　去除无效对象

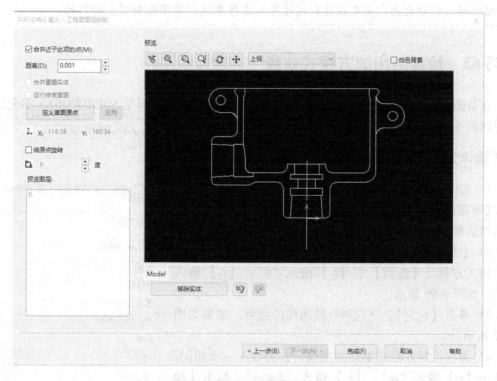

图 4-94　留下的图形信息

5）单击【完成】，图形信息导入为草图信息，如图 4-95 所示，根据需要进行后续编辑修改即可。

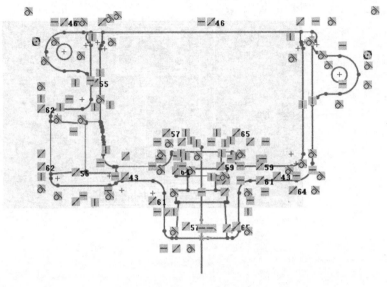

图 4-95　导入至草图

> **注意**：导入 DXF/DWG 文件时，导入过程中的处理非常重要，处理不当会导致后续草图编辑工作量太大，而无法达到通过导入文件来减少草图绘制时间的目的。

技巧 63　绘制封闭的方程式曲线

在草图中，有时需要通过方程式来绘制复杂的规则曲线，但是 SOLIDWORKS 不允许生成封闭的方程式曲线，此时可以分成两段来完成。

☞操作方法

1）选择一基准面，新建一草图，单击菜单栏中的【工具】/【草图绘制实体】/【方程式驱动的曲线】，弹出图 4-96 所示对话框。

2）【方程式类型】项选择【参数性】，在【方程式】框中输入方程，【参数】中【t_1】输入"0"，【t_2】输入"pi"，如图 4-96 所示。

3）单击【确定】，完成第一段曲线的绘制，结果如图 4-97 所示。

4）再次绘制方程式驱动的曲线，方法与上一步相同，参数中【t_1】输入"pi"，【t_2】输入"2 ∗ pi"，单击【确定】完成绘制，结果如图 4-98 所示。

图 4-96　绘制方程式驱动的曲线

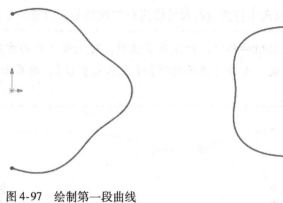

图 4-97　绘制第一段曲线　　　　　　图 4-98　绘制第二段曲线

注意：为保证曲线能首尾相接，输入参数时切不可用"3.14"代替"pi"。

技巧 64　标注大尺寸圆弧的半径

在草图中如果出现大圆弧，标注其半径时由于圆心较远，尺寸线很长，显得很不协调，此时可以通过【尺寸线打折】选项来处理。

操作方法

1）绘制圆弧，标注半径值，如图 4-99 所示。

2）在半径尺寸线上单击鼠标右键，在快捷菜单上选择【显示选项】／【尺寸线打折】，如图 4-100 所示。

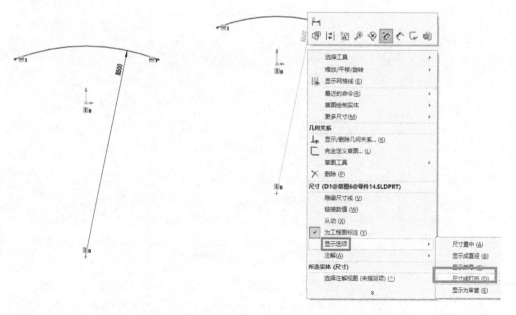

图 4-99　标注半径　　　　　　　　图 4-100　尺寸线打折

3）结果如图 4-101 所示，可以选中打折后的尺寸线进行二次调整，以进一步满足需要。

注意：该方法同样适用于直径值的标注，标注直径值时，可先按上面的方法标注出半径，再在尺寸线上单击鼠标右键，选择【显示选项】/【显示成直径】，结果如图 4-102 所示。

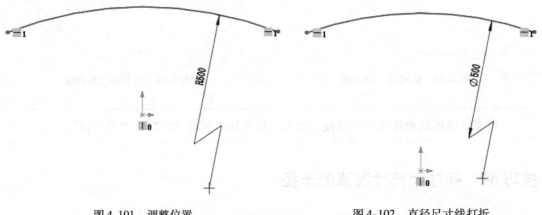

图 4-101　调整位置　　　　　　　　　图 4-102　直径尺寸线打折

第 5 章   特 征 技 巧

特征是创建模型的主要手段，特征的创建效率对整个模型的创建效率来讲是非常重要的，通过各种技巧的应用能有效地提升建模速度。

技巧 65　Instant 3D

Instant 3D 是在三维环境下对模型尺寸进行直接修改的工具开关，打开后通过【Instant 3D】功能，能对特征尺寸进行快速编辑修改。

操作方法

1）在【特征】选项卡中打开【Instant 3D】工具（系统默认为打开）。

2）选择要修改尺寸的特征，如图 5-1 所示。

3）选中要修改的尺寸，修改对象可以是草图中的尺寸，也可以是特征生成的尺寸，在尺寸界线上的圆点处单击鼠标左键并拖动，即可快速修改相关尺寸。

> **注意：** 在拖动过程中系统会出现标尺提示，如图 5-2 所示。此时，如果将光标移至标尺上，则尺寸的改变量按标尺刻度进行变化；如果光标不在标尺上，则尺寸为无级变化。

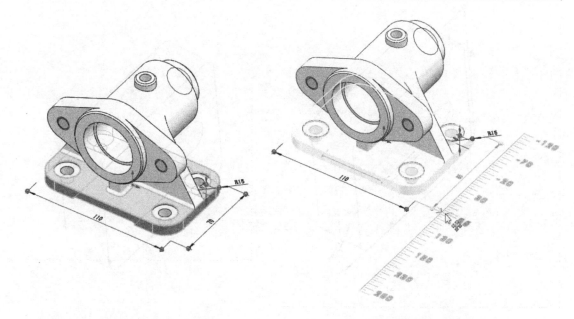

图 5-1　选择要修改尺寸的特征　　　　　图 5-2　三维环境中调整尺寸

技巧 66　对称拉伸

当草图是合理的封闭环时，退出草图时可以使用 Instant 3D 技术直接对草图进行拉伸，使其快速生成拉伸特征。机械零件中有很多特征是要求对称的，使用快速拉伸时如何保证其对称性呢？

☞**操作方法**

1）选中草图边线，草图上出现图5-3所示箭头。

2）按住鼠标左键拖动该箭头，拖动的同时按住键盘上的 < M > 键，此时按对称的方式对草图进行拉伸，如图5-4a 所示。

3）拉伸到所需尺寸松开鼠标即可，结果如图 5-4b 所示。

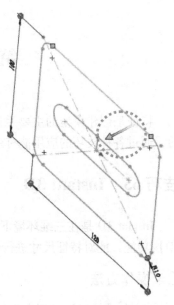

图 5-3　选中草图边线

注意：

1）如果没有出现图5-3所示箭头，则有两种可能：一是草图不是合理的封闭环，二是 Instant 3D 功能没有打开。

2）进行此操作时，如果按住 < M > 键没有切换至对称拉伸状态，则应检查是否与输入法有冲突。

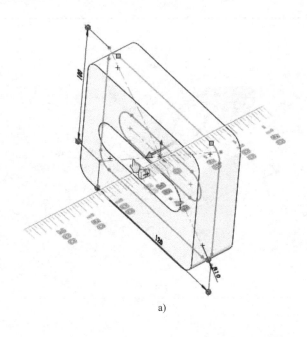

a)

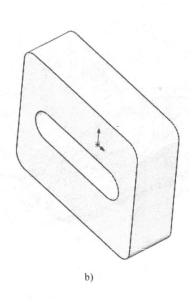

b)

图 5-4　对称拉伸

技巧 67　改变特征顺序

在建模过程中，常常会出现后面的特征影响到前一个特征的情况。如图 5-5 所示，虚线圈里的小圆柱体凸台伸进中间圆孔中了，此时需要将伸出部分切除掉，如果中间的孔是独立的特征，则可以通过改变特征顺序来完成这步操作。

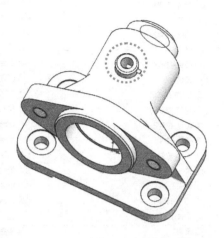

操作方法

1）在设计树中找到中间圆孔特征，按住鼠标左键拖动该特征至凸台特征下方，如图 5-6a 所示。

2）松开鼠标左键，结果如图 5-6b 所示。

图 5-5　修改前的特征

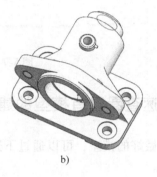

a)　　　　　　　　　　　　b)

图 5-6　改变特征顺序

注意：该操作受制于父子关系，也就是父特征不能拖放至子特征的下方。

技巧 68　退回控制棒

设计树中的退回控制棒可以控制临时退回到早期特征状态，向前推进。通过控制棒，既可以在设计树中插入新的特征，也可以用来了解已有模型的建模思路。

操作方法

1）将光标移至设计树最下方的控制棒上，此时光标会变成手的形状，如图 5-7a 所示。

2）按住鼠标左键，拖动控制棒至需要退回的特征下方，如图 5-7b 所示。

3）松开鼠标左键，控制棒下方的特征均被压缩，如图 5-7c 所示。

注意：控制棒下方被压缩的特征此时为不可编辑状态，需要编辑时，可通过拖动控制棒至需要编辑的特征下方即可。

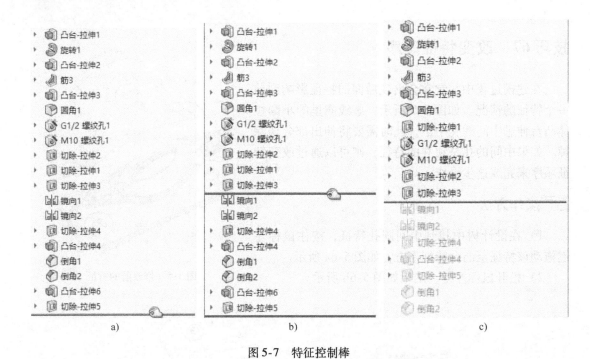

图 5-7　特征控制棒

技巧 69　快速查看已有模型的建模思路

对于一个已做好的模型，可以通过下述方法快速了解其建模思路。

☞**操作方法**

1）打开模型，选择菜单命令【工具】/【SOLID-WORKS 应用程序】/【Part Reviewer】，在工作区域右侧的任务窗格中显示图 5-8 所示对话框。

图 5-8　【Part Reviewer】对话框

2）⏮选项用于将模型退回到最初始的特征；▶选项为单击一次向下显示一步；⬐选项用于将草图当作一个步骤进行显示。

3）该功能还可以通过✏添加一定的备注信息，以便于不同人员之间进行沟通交流。用于沟通交流时，可以选择💬，此时只有具有备注信息的内容才会作为步骤显示，方便快速定位到需要交流的内容。

> 注意：该功能启用后，需要关闭 SOLIDWORKS 重新打开才能关闭。

技巧 70　特征复制

在建模过程中有很多特征是类似的，比如一个复杂的模型中有很多不同尺寸的孔、倒角等，按通常的思路，需要经过基准面、草图、特征等一系列操作才能完成一个特征的生成。通过特征复制则可以很容易地对类似特征进行复制，后续只需要更改一下相关尺寸即可，可以大大提高建模的效率。

☞操作方法

方法 1：

1）选择需要复制的特征。如图 5-9 所示，找到"切除 - 拉伸 5"所示的特征，然后将该孔复制到底板上。

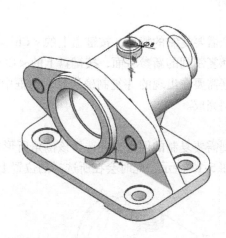

图 5-9　选择待复制特征

2）按住键盘上的 < Ctrl > 键，同时按住鼠标左键拖动上一步所选择的特征，将其拖到底板上，此时出现特征预览，同时光标右下角会出现"＋"的提示，如图 5-10 所示。

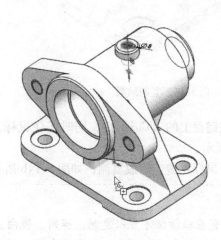

图 5-10　复制特征

3）松开鼠标左键后再松开键盘上的 <Ctrl> 键，由于原有特征在草图或特征中会在几何关系、尺寸关系上引用过模型的其他对象，而复制至新位置后这些对象变得不可引用，系统将弹出图 5-11 所示的【复制确认】提示框，若选择【删除】，则有问题的外部引用将被自动删除；若选择【悬空】，则这些问题会保留在特征中，后续再进行修改。

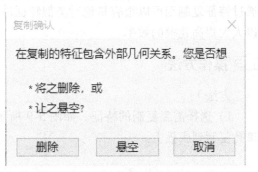
图 5-11　复制确认

4）选择其中一个选项后，系统将该孔复制至底板上，如图 5-12 所示。后续根据需要再进行修改即可。

方法 2：

1）找到需要复制的特征，按键盘上的 <Ctrl> 键 + <C> 键。

2）选择复制到的新参考面，按键盘上的 <Ctrl> 键 + <V> 键。

3）根据需要在出现的【复制确认】对话框中选择合适的选项。

4）复制完成。

方法 3：

1）找到需要复制的倒角，并选择该倒角所形成的面（注意：一定要选择面而不能选择边线），如图 5-13 所示，此时会在所选择的位置上看到一个大一些的白点。

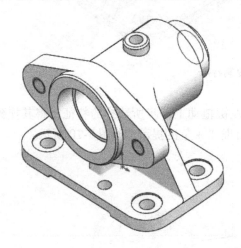
图 5-12　复制结果

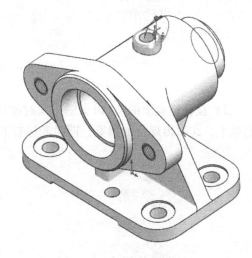
图 5-13　选择待复制特征

2）按住键盘上的 <Ctrl> 键，同时按住鼠标左键拖动该白点至需复制倒角的边线上，如图 5-14a 所示。

3）松开鼠标左键，完成复制，如图 5-14b 所示。

注意：

1）只有基础特征才可以复制，阵列、镜向、比例缩放等不可复制。

2）方法 3 仅在复制圆角、倒角时有效，不适用于其他特征的复制。

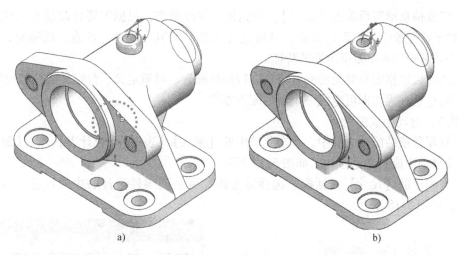

图 5-14　复制倒角

技巧 71　系列零件

SOLIDWORKS 中的【配置】功能可以实现在单一的文件中对零件或装配体模型生成多个设计变化。该功能提供了简便的方法来开发与管理一组有着不同尺寸、零部件或其他参数的模型。

操作方法

方法 1：手动生成配置。

1）在 Configuration Manager 中，用鼠标右键单击零件或装配体名称，然后选择【添加配置】，如图 5-15 所示。

2）弹出图 5-16 所示的【添加配置】对话框，在其中输入一个新的配置名称，并根据需要指定新配置的其他属性信息。

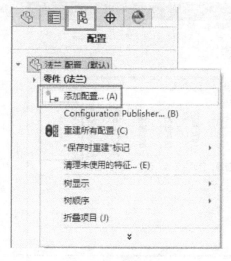

图 5-15　添加配置

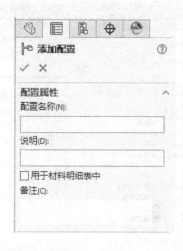

图 5-16　输入配置信息

3）完成信息填写后单击【确定】，回到模型修改状态，根据需要修改模型以生成设计变体。对于新配置中不需要的特征，可通过【压缩】将其压缩掉。注意：压缩时，可能由于父子关系影响到本不希望压缩的特征。

4）还可以根据需要对新的配置单独进行颜色配置、材质定义、自定义属性添加等。

5）通过这些操作即可生成一个新的配置零件。

方法 2：自动生成配置。

1）在零件或装配体文件中，单击菜单中的【插入】/【表格】/【设计表】，在【源】选项中选中【自动生成】单选按钮，如图 5-17 所示。

2）在弹出的【尺寸】对话框中选择需要添加到系列零件设计表中的尺寸，然后单击【确定】，如图 5-18 所示。

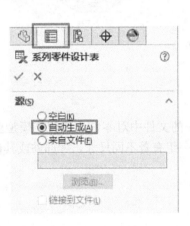

图 5-17　自动生成配置

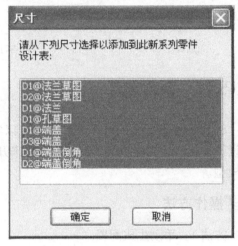

图 5-18　选择配置对象

3）此时，一个嵌入的工作表将出现在窗口中，而且 Excel 工具栏会替代 SOLIDWORKS 工具栏，如图 5-19 所示。

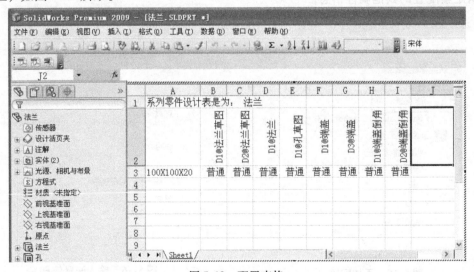

图 5-19　配置表格

4）"系列零件设计表"中字体、行间距等的编辑方法与 Excel 电子表格中的编辑方法相同。单元格"A1"标识工作表为"系列零件设计表是为：××"（"××"为具体的模型名称，如"法兰"）。

5）在设计表中添加两个配置：$120 \times 120 \times 10$ 和 $150 \times 150 \times 15$。如果在指定的配置及相对应的特征下输入"S"，则在该配置中将压缩这个特征；输入"U"可解除对这个特征的压缩。填写完成的表格如图 5-20 所示。

	A	B	C	D	E	F	G	H	I	J	K	L
1	系列零件设计表是为： 法兰											
2		D1@法兰草图	D2@法兰草图	D1@法兰	D1@孔草图	$状态@孔	D1@端盖	D3@端盖	$状态@端盖	D1@端盖倒角	D2@端盖倒角	$状态@端盖倒角
3	100X100X20	100	100	20	76	U	10	15	U	2	45	U
4	120X120X10	120	120	10		S			S			
5	150X150X15	150	150	15	76	U			S			S
6												

图 5-20 填写完成的表格

6）表格填写完成后单击工作表以外的任何地方（但在图形区域内），即可关闭"系列零件设计表"。系统出现图 5-21 所示的添加配置对话框后单击【确定】，系统生成相应的配置。

7）需要修改或增加配置内容时，可在"系列零件设计表"上单击鼠标右键，选择【编辑表格】，如图 5-22 所示，即可对表格内容进行编辑修改。

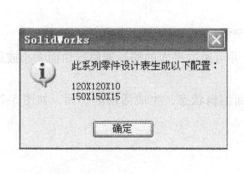

图 5-21 配置生成

图 5-22 编辑表格

注意：

1）如要使用"系列零件设计表"，计算机中必须安装有 Microsoft Excel。

2）在装配体中装配时，可以根据需要选择所需的配置进行装配。

3）"系列零件设计表"可以直接表达在工程图中。

4）做装配体配置时，其中的距离和角度配合尺寸、压缩状态均可通过配置进行变更。

技巧72 活动剖切面

活动剖切面是可以使用任何基准面动态地生成模型的剖面，而且由活动剖切面生成的剖面图可以动态地进行更改。

☞**操作方法**

1）选择一个平面或基准面，单击鼠标右键，从弹出的快捷菜单中选择【活动剖切面】，如图5-23所示，选择右视基准面后再选择活动剖切面。

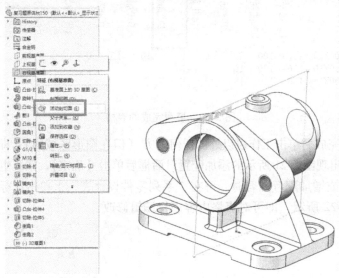

图5-23　活动剖切面

2）系统根据所选的基准面生成活动剖切面，并可通过平面的控标调整剖切面大小或通过三重轴调整剖切面位置，如图5-24所示。

3）调整好后鼠标在空白处单击，退出剖切面编辑状态，生成活动剖切面，如图5-25所示。

图5-24　调整剖切面位置

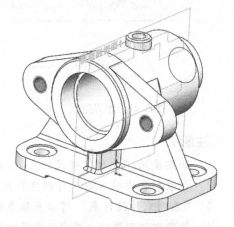

图5-25　生成活动剖切面

4）在生成的剖切面中，对未被约束的尺寸可以直接拖动进行编辑，如图 5-26 所示的紫色边线，其修改与 Instant 3D 操作方法相同。

5）剖切面的位置可以随时根据需要进行二次修改，选中剖切面会出现图 5-27 所示的关联工具栏，可以进行隐藏、压缩、三重轴、正视等操作。

> **注意：** 活动剖切面要区别于剖面视图，活动剖切面可以有多个且有大小，而剖面视图只能有一个且为无限大；活动剖切面可以修改模型，而剖面视图仅用于查看模型；活动剖切面记录在设计树中，可在设计树中选择并进行编辑修改，而剖面视图只能打开或关闭。

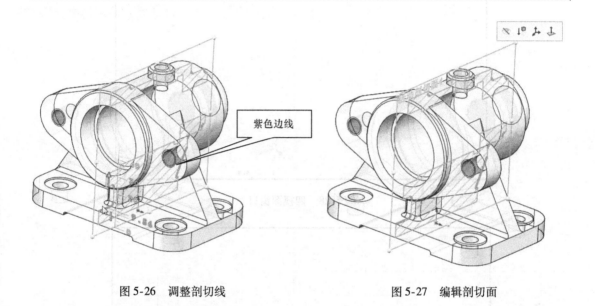

图 5-26 调整剖切线   图 5-27 编辑剖切面

技巧 73 快速绘制空间路径

在空间管路建模过程中，核心问题是如何绘制出空间路径，而这类模型的空间路径通常是沿着 X、Y、Z 的轴向分布的，可以通过多视口功能来辅助快速完成空间线的绘制。

☞ 操作方法

1）选择菜单中的【窗口】/【视口】/【四视图】，此时系统会将绘图区分为四个区域，如图 5-28 所示，分别对应于 XY 平面、YZ 平面、ZX 平面及三维空间。在 XY、YZ、ZX 平面中进行草图绘制时会受约束于当前对应的平面，正是利用这一原理，可以进行空间线的快速绘制。

2）选择【3D 草图】进入 3D 草图绘制状态，单击【直线】绘制直线，根据所需直线的方向性要求，将光标移至相应的视口区域中进行直线绘制，如图 5-29 所示。如需 Y 向直线，则将光标移至 XY 平面或 YZ 平面视口进行绘制。

3）直线绘制完成后，进行尺寸定义并添加圆角等草图特征，完成空间线的绘制，结果如图 5-30 所示。

4) 在下方的栏里选择它们的长度和角度的位置关系等属性。单击【确定】按钮后就完成了。其长度为 9mm，以 20mm 向下方位置如图。

5) 做出的电线通过设置其相应参数，从左到右各可以调节【长度】【调整】【调整】。其长度方法如下，【长度】，【调整】，【调整】。

完成了电线在各方向上进行的调整。在确认线管的位置。在再次单击按钮时系统弹出对话框，系统自动化的插入件中绘制。在确认线管系统确认好后自动完成的操作。单击 CommandManager 工具栏中各插入件的图标后再来确定线管系统向的位置选取点。如图。

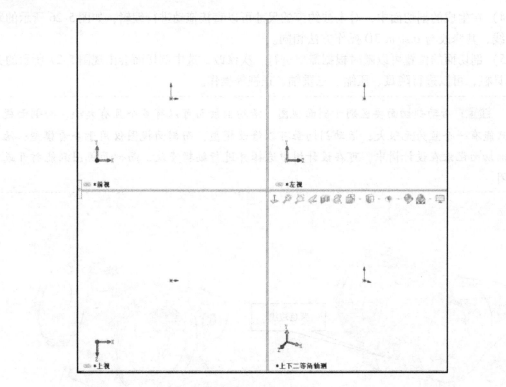

图 5-28 四视图窗口

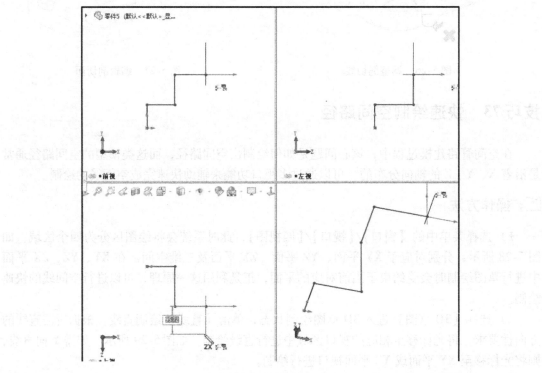

图 5-29 绘制空间线

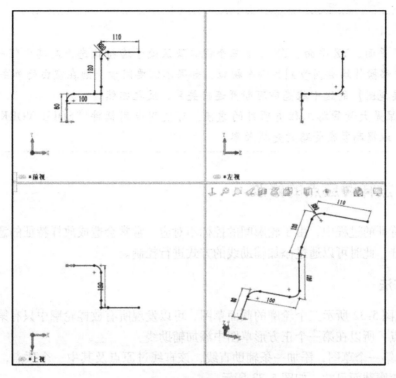

图 5-30　编辑空间线

4）退出 3D 草图，绘制所需轮廓，再通过【扫描】功能进行空间管路创建，结果如图 5-31 所示。

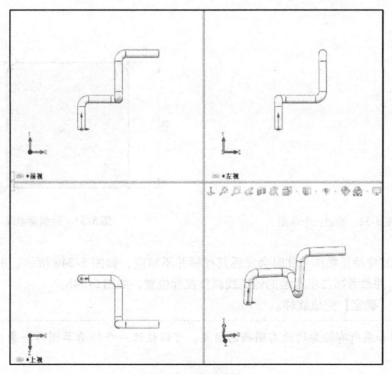

图 5-31　扫描完成

注意：

1）XY 平面、YZ 平面、ZX 平面三个视口默认处于连接状态，对其中任一个视口进行缩放、平移操作均会同步到另两个视口，如果不需要同步，则在空白处单击鼠标右键，取消【连接视图】的选中状态即可断开连接关系，反之亦然。

2）如果是大量管路工程类项目的建模，可使用专用插件"SOLIDWORKS Routing"进行创建，以提高复杂管路的建模效率。

技巧 74 放样对应点的修改

在放样特征的过程中，由于轮廓间的控标不对应，常常会造成放样特征的意外扭曲而使放样质量不佳，此时可以通过添加辅助线的方式进行控制。

☞操作方法

1）完成图 5-32 所示三个轮廓的截面草图，可以发现所有放样轮廓中只有第一个正方形有明确的顶点，所以在第一个正方形草图中添加辅助线。

2）编辑第一个草图，添加一条辅助直线，该直线过原点及其中一个顶点，并延长超过尺寸最大的轮廓截面尺寸，如图 5-33 所示。

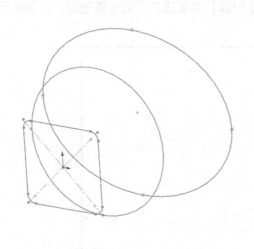

图 5-32　绘制三个草图

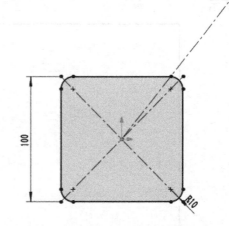

图 5-33　绘制参考线

3）进行放样特征操作，此时会发现其控标并不对应，如图 5-34a 所示。正视第一个轮廓草图平面，并参考第二步所绘的辅助线调整控标位置，如图 5-34b。

4）单击【确定】完成放样。

注意：如果所有轮廓均没有明确的顶点，可以任选一个轮廓草图作一条过原点的辅助线。

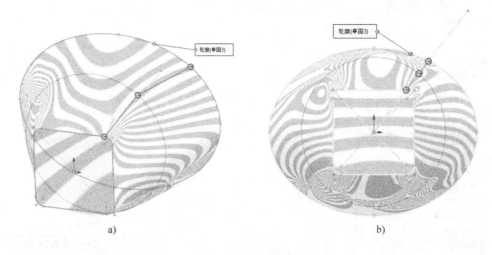

a) b)

图 5-34 调整控标

技巧 75 扫描中扭转的应用

扫描中的扭转可以实现类似于缠绕的特定效果。

☞**操作方法**

1) 创建一圆环, 并绘制图 5-35 所示的轮廓草图与路径草图。

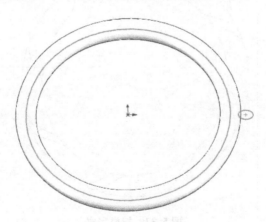

图 5-35 创建圆环特征

2) 选择【扫描-切除】, 按图 5-36 所示输入相关参数。

3) 单击【确定】, 结果如图 5-37 所示。

> **注意:** 在参数合理的情况下, 该选项还支持在同一基准面上绘制的轮廓与路径的扫描。

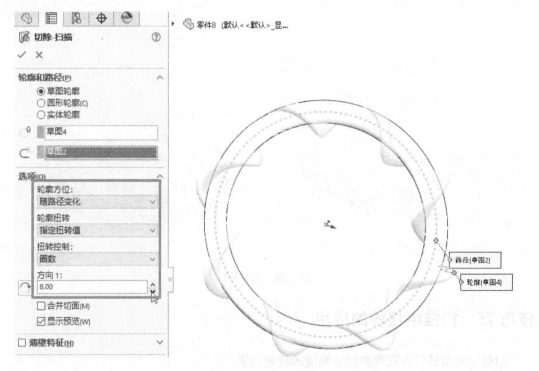

图 5-36 扫描参数输入

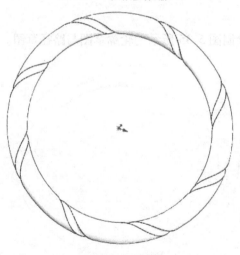

图 5-37 扫描完成

技巧 76 将零件插入零件

在实际工作中，有时需要将已有的设计模型作为型腔进行模具设计，此时最好的方式是将已有零件插入模具设计中进行组合操作。

👉 操作方法

1）创建图 5-38a 所示的产品零件，新建一个作为模具体的零件，如图 5-38b 所示。

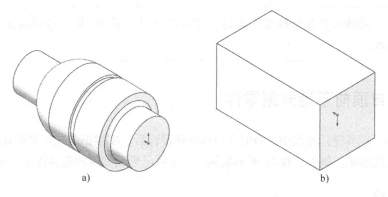

图 5-38 原始模型

2）在模具体零件中单击菜单中的【插入】/【零件】，弹出图 5-39 所示对话框，根据需要进行选择。

3）单击菜单中的【插入】/【特征】/【组合】，通过【删减】，将模具体作为【主要实体】，产品零件作为【要组合的实体】，如图 5-40 所示，单击【确定】完成操作。

4）通过【剖面视图】查看结果，如图 5-41 所示，再根据需要进行后续编辑操作。

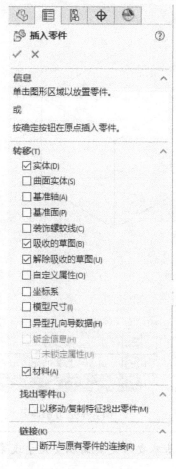

图 5-39 插入零件

图 5-40 组合操作

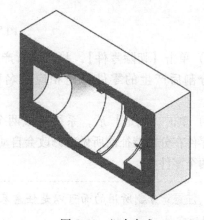

图 5-41 组合完成

> **注意**：如果插入产品时位置不合适，可以利用【以移动/复制特征找出零件】选项进行位置编辑。

技巧 77　自顶向下地分割零件

在新产品、模具设计过程中，有时在完成整体设计后，需根据工艺需要将其分拆成不同的零件再进行二次编辑。例如，技巧 76 的案例中需要将已形成型腔的模具体分拆为上、下模。

☞操作方法

1）单击菜单命令中的【插入】/【特征】/【分割】，在出现的对话框中选择【上视基准面】作为剪裁工具，如图 5-42 所示。

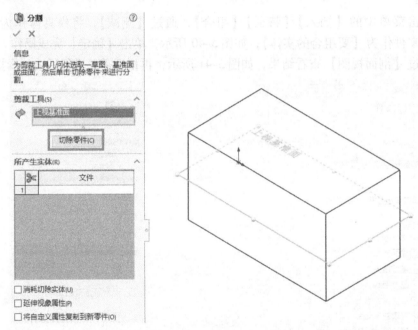

图 5-42　分割零件

2）单击【切除零件】，并在【所产生实体】中对两个分割后产生的零件指定相应的名称，如图 5-43 所示。

3）单击【确定】后，系统生成两个独立的零件，且原零件在分割特征前所做的修改会自动关联至分割产生的两个零件中。

图 5-43　分割命名

> **注意**：分割所用的面可以是任意基准面或曲面，基本要求是其面积要大于或等于所分割的零件。

技巧 78　更改圆角特征

在建模过程中，相同的圆角通常是在一个【圆角】命令中完成的，而在后续编辑中如果其中一个或几个需要变更成不同的圆角尺寸，则可以通过下述操作方法来完成。

操作方法

1）在这里需要更改图 5-44 所示菱形法兰的边圆角尺寸。

2）单击【圆角】命令，出现【圆角】对话框后单击【FilletXpert】选项卡，并切换至【更改】项，如图 5-45 所示。

图 5-44　修改前的模型

图 5-45　更改圆角

3）选择所需变更圆角尺寸的三个圆角边，如图 5-46 所示，并将半径值变更为"1.00mm"。

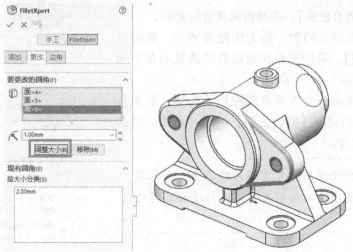

图 5-46　选择调整对象

4）单击【调整大小】，所选的三个圆角将变更为新的尺寸，而其余的圆角则保持不变，如图 5-47 所示。

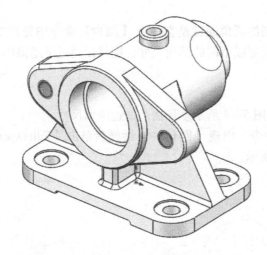

图 5-47　调整完成

> **注意：** 使用该方法可以很容易地将圆角从原有的圆角特征中剥离出来，用新的尺寸形成新的圆角特征。再次修改时，需要对新的圆角特征而非原有圆角特征进行修改。

技巧 79　面缝合无法创建实体的处理

当采用曲面进行建模或导入第三方模型进行修复时，经常会出现缝合时无法创建实体的现象，此时需要利用【缝隙控制】选项让系统进行自动修复。

☞操作方法

1）单击【缝合曲面】，选择所需缝合的曲面。

2）如果曲面存在间隙，则无法创建实体，此时可选中【缝隙控制】，系统将存在缝隙的区域显示在下面的对话框中，如图 5-48 所示。

3）根据需要检查是否所有缝隙均已找到，如果有未找到的，可适当增加【缝合公差】的尺寸范围。单击【确定】，完成缝合。

> **注意：** 此方法适用于尺寸不大的缝隙，如果缝隙过大，则需要通过曲面相关功能进行填补后再进行缝合。

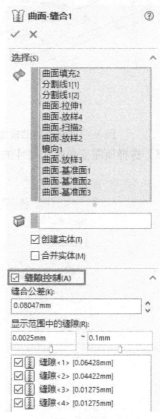

图 5-48　缝隙控制

技巧 80　装饰螺纹线的添加

由于螺纹在模型中需占用系统大量资源且没有实际工艺意义，因此在三维软件中，螺纹均默认使用装饰螺纹线的方式来添加。

对于内螺纹，可以通过【异型孔向导】方式来添加螺纹孔；外螺纹则需要手工添加装饰螺纹线。

☞操作方法

1）单击菜单中的【插入】/【注解】/【装饰螺纹线】，出现图 5-49 所示对话框，选择添加螺纹的圆柱表面的边线。

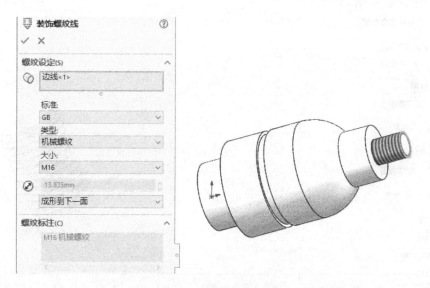

图 5-49　添加装饰螺纹线

2）将标准更改为"GB"，并更改相应的尺寸参数，然后单击【确定】✓，完成装饰螺纹线的添加。

注意：
1）此方法同样适用于对内孔、锥度轴、锥度孔添加螺纹。
2）如果螺纹所附加的圆柱体是有倒角的，则要先添加装饰螺纹线再添加倒角特征。

技巧 81　真实螺纹的添加

对于真实螺纹的添加，原有做法是通过螺旋线扫描的方式来完成的，操作步骤较烦琐，而使用【螺纹线】功能则可快速完成真实螺纹的添加。

☞操作方法

1）创建一个回转体作为螺纹的基体。

2）单击菜单中的【插入】/【特征】/【螺纹线】，出现图 5-50 所示对话框，选择圆柱面的边线作为螺纹参考线。

3）给定【结束条件】及【规格】参数，单击【确定】完成螺纹线的添加，如图 5-51 所示。

图 5-50　添加螺纹线

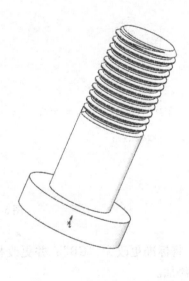

图 5-51　添加完成

> 注意:
>
> 1) 由于起始位置的原因,会造成螺纹形状不合理,可以通过【偏移】选项向外侧偏移一定距离,如果是【拉伸螺纹线】,则需同时配合【根据开始面修剪】选项。
>
> 2) 由于结束位置的原因造成螺纹线收尾不合理时,可以通过先做出螺纹线段,再增加连接圆柱体部分的方法来解决。

技巧 82 隐藏模型的螺纹线

SOLIDWORKS 中有两个与装饰螺纹线相关的显示选项:一是装饰螺纹线,也就是看起来像螺纹的装饰图案;二是表示大小径的圆。

操作方法

1) 单击【选项】,在选项中切换至【文档属性】/【出详图】,如图 5-52 所示。

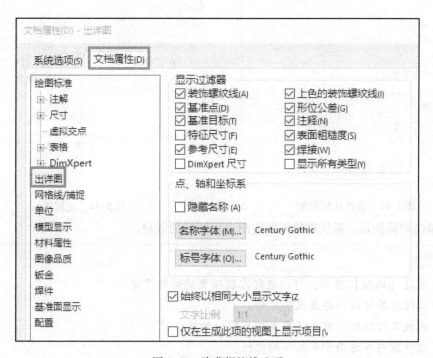

图 5-52 隐藏螺纹线选项

2) 取消选中【装饰螺纹线】【上色的装饰螺纹线】两个选项,这两个选项分别对应着两种显示内容。

> 注意:由于这两个选项属于文档属性,因此每个文档均须单独设定,可以在定制模板时根据需要设定好,以避免每个文档均要设置的麻烦。

技巧 83　零件的比较

在产品设计过程中，会因为设计方案不同而将模型保存成多个文档，或是在设计变更时保存成多个版本。在没有专用的 PDM 类管理系统时，应如何比较文档间的差异呢？

☞ 操作方法

1）单击菜单中的【工具】/【比较】/【文档】，在右侧任务栏出现【比较】对话框，如图 5-53 所示，选择需要比较的两个文档（模型），再选择需要对比的内容。

2）单击【运行比较】，系统根据比较项目，列出两个比较模型间的差异，如图 5-54 所示。

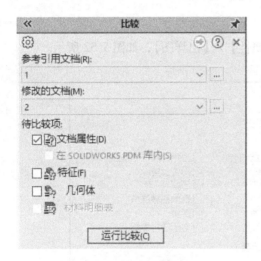

图 5-53　选择比较对象

图 5-54　比较结果

3）单击差异条目，系统在绘图区突出显示两者的差异。

> 注意：
> 1）通过【比较】选项，可以进行比较项目的详细设定。
> 2）比较结果可以保存成报告文档。
> 3）比较几何体时，需要注意坐标系的一致性。
> 4）该功能同样适用于装配体的比较。

技巧 84　包覆的应用

对于类似于圆柱凸轮的模型，圆柱面上的槽需要首尾相接，此时可按下述方法操作。

☞ 操作方法

1）创建一个圆柱体特征，直径为 100mm。

2）选择相应基准面进行草图绘制，草图的总长输入"100 * pi"，如图 5-55 所示，绘制完成后单击【确定】，退出草图绘制。

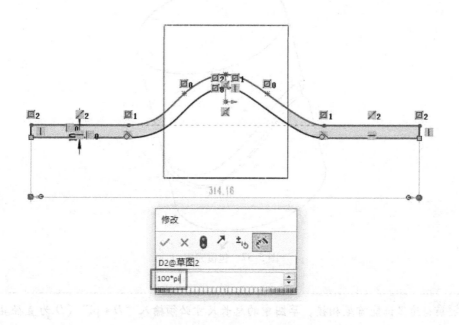

图 5-55 绘制包覆草图

3）单击工具栏中的【特征】/【包覆】，在弹出的对话框中选择包覆草图、包覆的面等相关参数，如图 5-56 所示。

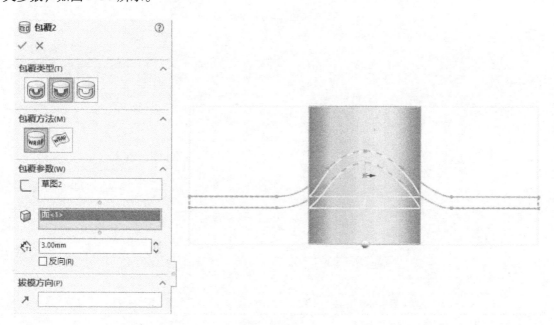

图 5-56 选择包覆

4）单击【确定】完成包覆特征的生成，如图 5-57 所示。

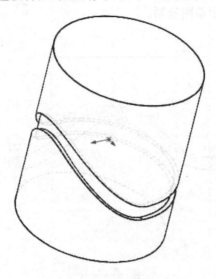

图 5-57　包覆完成

注意: 为保证能首尾相接，草图中的总长尺寸必须输入"$D*pi$"（D 为直径具体数值），由系统计算总长值，而不能输入"$D*3.14$"所计算的值。

第6章 装配体技巧

本章主要讲解装配体的实用技巧，使用这些技巧可以有效地提高装配效率。其中一些技巧还涉及建模设计理念的问题，需要通过练习加以理解。

技巧85 零件快速复制

在装配过程中，有些零件需要用到多个，一个一个地插入效率较低，可以通过快速复制的方法进行零件的复制。

☞操作方法

1）按住键盘上的 < Ctrl > 键，鼠标左键单击选择要复制的零件并拖动。

2）拖至合适的位置后松开鼠标即可完成零件的复制，如图6-1所示。

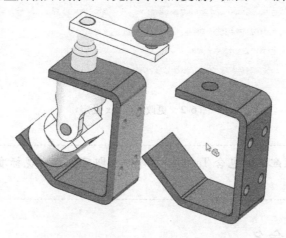

图6-1 复制零件

注意：拖动时 < Ctrl > 键不能松开，复制完成后先松开鼠标左键再松开 < Ctrl > 键。

技巧86 Toolbox 设置

Toolbox 提供了常用的标准件模型，在将装配体复制至其他计算机时，会出现标准件丢失、规格变化的现象，大部分是由于标准件没有生成独立的零件，或者两台计算机的库配置不一致造成的，通过更改设定可以大大减少这种现象。

☞操作方法

1）加载 Toolbox 插件。

2）单击菜单中的【工具】/【Toolbox】/【配置】进入【配置】界面，选择第三项【用户设定】，出现图 6-2 所示对话框，将【文件】选项更改为【生成零件】，并设定相应文件夹。

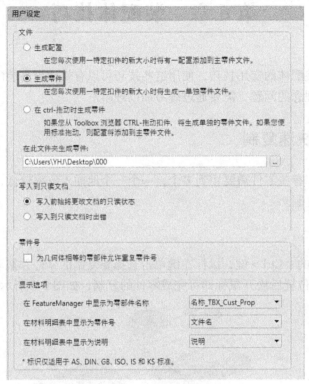

图 6-2　更改 Toolbox 设定

3）保存当前设定。

> 注意：在复制装配体时包含 Toolbox 零部件，即可防止出现标准件丢失、规格变化的现象。

技巧 87　零件重命名

在装配过程中，有时会对原有零件的名称进行重新命名，而 SOLIDWORKS 的装配是通过链接关系链接零件的，如果重新命名，会出现装配体找不到相应零件的现象，因此，需要通过特定方法来保证其链接关系的正确性。

☞操作方法

方法 1：

1）在设计树中需要更改名称的零件上单击鼠标左键两次，输入新的名称即可。使用该方法的前提是【系统选项】中允许在设计树中重命名零部件文件，详见技巧 13 中的内容。

2）保存文件，弹出图 6-3 所示对话框，系统会提示名称已更改，是否更改其他引用该零件的装配体。可以根据需要将其他引用该零件的装配体目录添加至【文件位置】中。

图 6-3 设计树中更改零部件名称

3）单击【确定】，系统自动进行搜索并同步更改。

方法 2：

1）在 Windows 的程序组中找到程序【SOLIDWORKS】/【SOLIDWORKS Explorer】，单击打开该程序，如图 6-4 所示。

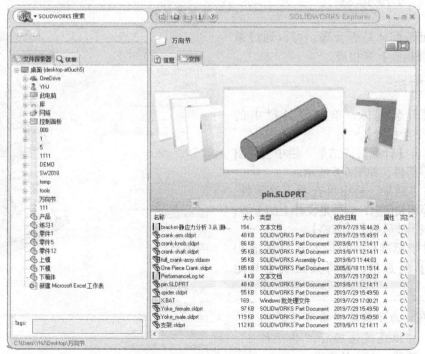

图 6-4 SOLIDWORKS Explorer

2）该程序类似于"资源管理器"，找到需要更改名称的零件或部件，单击鼠标右键，选择【重新命名】，系统会按搜索路径查找所有引用过该零件的装配体，并弹出图 6-5 所示对话框。

图 6-5 【重新命名文档】对话框

3）输入新的零部件名称，单击【确定】完成修改。系统会自动变更所搜索出的所有引用该零部件的地方。

4）可以通过【选项】/【参考/使用处】扩大搜索范围。

> 注意：除了这两种方法外，还可以通过 PDM 系统来完成重命名操作。切不可在"资源管理器"里任意更改文件名，这样会造成装配体找不到零部件的情况。
>
> SOLIDWORKS 从 2020 版本开始取消了独立的 SOLIDWORKS Explorer 程序，集成到了"资源管理器"的右键菜单中。

技巧 88 干涉检查

要验证装配体是否合理，可以通过系统的【干涉检查】来检查。

☞ **操作方法**

1）打开装配体，单击工具栏中的【评估】/【干涉检查】。

2）单击【计算】，"结果"栏中会列出有干涉的零部件，如图 6-6 所示。

3）在"结果"栏中可查看干涉零件、干涉体积等相关信息，如果是设计上的干涉，可以选择该干涉后单击【忽略】。

4）对于标准件，可以勾选【生成扣件文件夹】复选框，以将其区别于其他干涉。

> 注意：为了快速查看有干涉的零部件，可以通过选项将"非干涉零部件"隐藏，以方便查看。

图 6-6 干涉检查

技巧 89　动态干涉检查

除静态干涉外，对于一个产品而言，在运动过程中是否有干涉直接影响其是否能正常工作，可以通过【移动零部件】中的选项进行验证。

☞操作方法

1）单击工具栏中的【装配体】/【移动零部件】，出现图 6-7 所示对话框，将【选项】更改为【碰撞检查】，并勾选【碰撞时停止】复选框。

2）按住鼠标左键拖动可移动的零件，当移动过程中有碰撞时，系统会给出声音反馈并高亮显示当前碰撞的面，如图 6-8 所示。

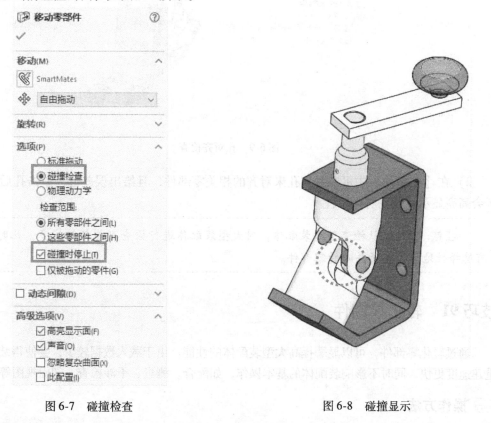

图 6-7　碰撞检查　　　　　　　　　　　　　　图 6-8　碰撞显示

注意：该功能还可通过【动态间隙】进行间隙的验证。

技巧 90　孔对齐检查

装配体中零件之间的连接通常以孔连接为主，而孔是否对齐是决定零件能否正常装配的关键要素之一。同一个项目可能由不同的工程师来完成，人工检查孔对齐问题费时耗力且不能保证检查到所有要素，此时可以通过【孔对齐】命令进行检查。

☞**操作方法**

1）单击工具栏中的【评估】/【孔对齐】，出现图 6-9 所示对话框，单击【计算】，系统将计算出孔间未对齐的位置。

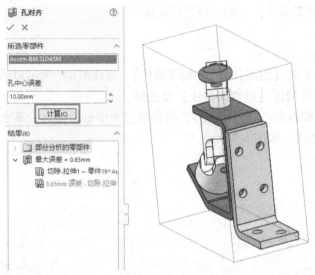

图 6-9　孔对齐检查

2）在【结果】栏中可以看到孔未对齐的相关零部件，且给出误差值，单击孔后，绘图区会高亮显示问题孔所在位置。

> **注意**：系统默认检查整个装配体，对大型装配体进行检查可能耗时较多，此时可以有选择性地只检查所关心的零部件。

技巧 91　轻化零部件

通过轻化零部件，可以显著提高大型装配体的性能。由于载入数据较少，会使得装配体的重建速度更快，同时不影响装配体的基本操作，如配合、测量、干涉检查、剖面视图等。

☞**操作方法**

方法 1：

1）打开装配体时，在【打开】对话框中将"模式"更改为"轻化"，如图 6-10 所示。

图 6-10　轻化零部件

2）单击【打开】，打开装配体后所有零部件均以轻化形式打开，轻化后的零部件图标上有羽毛图标 🖋 以示区别。

方法 2：对于已打开的装配体，在编辑修改的过程中为了减少对系统资源的占用，可以手工设定轻化。在需要轻化的零部件上单击鼠标右键，在弹出的菜单中选择【设定为轻化】，即可将当前选中的零部件转为轻化状态。

> **注意**：对于已轻化的零部件，可以选择后单击鼠标右键，在弹出的菜单中选择【设定为还原】，即可还原为常规状态。

技巧 92　SpeedPak

SpeedPak 是一种特殊的配置，通过它可以有选择地保留需要使用的零件、面、参考几何体、草图、曲线等，其他信息均以最小化状态载入内存，这能大大减少内存的使用。

☞**操作方法**

1）打开装配体，切换至【配置】选项卡，在当前配置上单击鼠标右键，在弹出的菜单中选择【添加 SpeedPak】，如图 6-11 所示。

2）在弹出的对话框中选择需保留的特征对象，如用于装配体配合的重要零件、孔、面等，如图 6-12 所示。

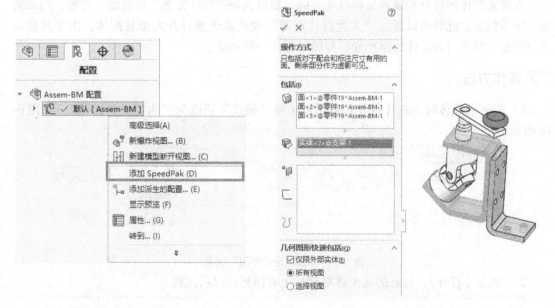

图 6-11　添加 SpeedPak　　　　　　　图 6-12　选择保留对象

3）单击【确定】退出定义。此时将鼠标移至装配体时会发现，除了已选择的保留的对象外，其余对象会自动隐藏，如图 6-13 所示。

4）系统将把 SpeedPak 处理过的零部件视作一个整体，在设计树中不再显示结构化信息，这可以大大减少对内存的占用，并且使得对象选择变得相当便捷。

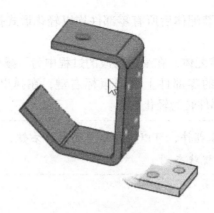

图 6-13 设定完成结果

> **注意:**
> 1) 需要修改 SpeedPak 的定义时,可以在其对应配置上单击鼠标右键,选择【编辑 SpeedPak】进行编辑修改。
> 2) 需要还原时直接双击其原有配置即可。

技巧 93 大型设计审阅

大型装配体的打开和编辑是相当耗时的,如果只是对设计方案进行讨论、交流,则无需载入细节信息。此时可以通过"大型设计审阅"模式来迅速打开大型装配体,由于只载入少量信息,使得对装配体的操控变得与简单零件一样迅捷。

☞**操作方法**

1) 打开装配体时,在【打开】对话框中将"模式"更改为"大型设计审阅",如图 6-14 所示。

图 6-14 "大型设计审阅"模式

2) 单击【打开】,打开的装配体零部件上有图标🐾以示区别。

> **注意:**
> 1) 在"大型设计审阅"模式下,所有对象只能查看、选择、测量、剖面,不能编辑修改,如果需要编辑,可在专用工具栏中对需要编辑的对象进行【选择性打开】。
> 2) 除了"轻化"与"大型设计审阅"模式外,还有一个"大型装配体"模式,其对模型的简化介于两者之间。

技巧 94 装配体特征

对于装配体而言，有些特征会同时影响到多个相关零件，如配作的孔、焊接后二次加工的槽等，如果这些特征是在不同零件中创建的，会带来修改不便、关联困难等问题。此时可以通过【装配体特征】功能，在装配体中直接创建这些特征，再根据需要将其传递到零件中，这也是自顶向下设计的一种重要建模思路。

装配体特征包含多个常用特征，如孔系列、拉伸切除、圆角等，在此以拉伸切除为例进行介绍。

操作方法

1）打开装配体，选择图 6-15 所示面，单击工具栏中的【装配体】/【装配体特征】/【拉伸切除】。

2）绘制图 6-16 所示的两个圆，绘制完成后单击【确定】退出当前草图。

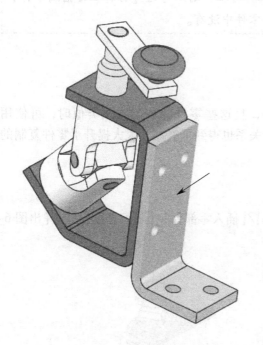

图 6-15 选择基准面

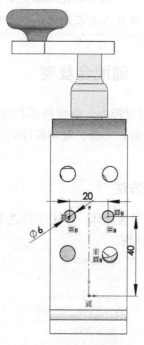

图 6-16 绘制草图

3）进入拉伸属性对话框，其基础选项与零件一致，主要区别在于"特征范围"选项，如图 6-17 所示。

取消勾选【自动选择】复选框，选择切除特征要影响到的两个零件，再勾选【将特征传播到零件】复选框。此选项可使零件中也具备当前切除特征，否则只在装配状态下有该切除特征。

4）单击【确定】完成操作，生成图 6-18 所示的贯穿两个所选零件的通孔，单独打开其中一个零件会发现该零件中也具备这两个孔。

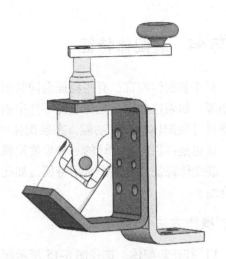

图 6-17　选择特征范围　　　　　　　　　图 6-18　完成装配体特征

> **注意:** 如果特征是装配完成后才增加的配作特征，则不勾选【将特征传播到零件】复选框，这样只有在装配体中才有该特征，而零件中没有。

技巧 95　随配合复制

在装配过程中，当有些零件需要用到多个，且这些零件的装配方式类似时，可使用【随配合复制】功能，复制零件的同时，其配合关系也得到了复制，大大提升了零件复制的效率。

☞操作方法

1）打开装配体，单击工具栏中的【装配体】/【插入零部件】/【随配合复制】，弹出图 6-19 所示对话框。

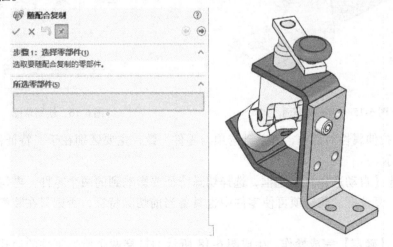

图 6-19　【随配合复制】对话框

2）选择需随配合复制的零件，此处选择【内六角螺钉】，单击【下一步】，弹出图 6-20 所示对话框。

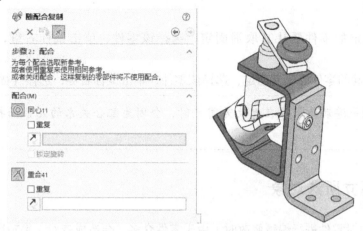

图 6-20　设定配合关系

3）由于【内六角螺钉】所复制位置的重合装配关系与原位置相同，因此可以勾选"重合"的【重复】复选框，这样重合就不用再选择配合对象，而会自动继承。

选择需复制配合的圆柱边线，单击【确定】，如需复制多次，则继续选择下一条参考边线即可，如图 6-21 所示。

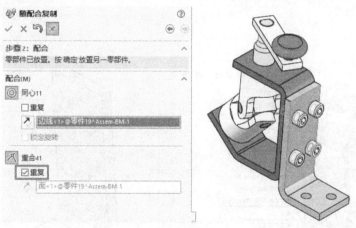

图 6-21　选择复制的目标位置

4）由于该命令默认是连续复制，因此复制完成后，需单击【取消】退出该命令。

注意：该命令可以选择多个零件同时复制。选择多个零件时，由于相关配合关系较多，需要特别注意配合的参考对象。

技巧 96　固定与浮动

在创建装配体时，通常先插入作为装配基准的零件，而且该零件放置后默认是固定的。

如果需要更改装配基准，或者需要固定某些零件不让其移动，可参考以下方法。

☞**操作方法**

1）对于固定的零件要让其取消固定，选择该零件，单击鼠标右键，选择【浮动】即可。

2）对于浮动的零件要让其固定，选择该零件，单击鼠标右键，选择【固定】即可。

> *注意：原来浮动的零件在更改为固定时，会因为配合关系的冗余而报错，需加以修改。*

技巧 97　孤立所选对象

在装配体中对零件进行编辑修改时，由于零件众多，会造成查看、编辑困难，此时可通过以下方法来只显示需编辑的零件，而将其他零件加以隐藏。

☞**操作方法**

1）选择需编辑修改的零件，单击鼠标右键，选择【孤立】，如图 6-22a 所示。此时仅显示所选零件，而其他零件则自动隐藏，如图 6-22b 所示。

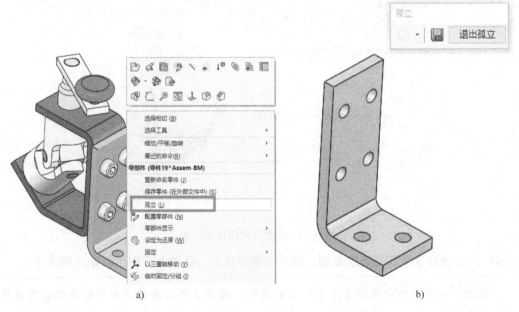

图 6-22　孤立对象

2）编辑修改完成后，单击【退出孤立】，返回原有显示状态。

> *注意：如果某个孤立状态需反复使用，可将其保存成"显示状态"，下次直接切换"显示状态"即可，这可在孤立对象是多个零件时省去选择的时间。*

技巧 98　快速隐藏/显示零件

在装配体中，常常需要对零件进行隐藏与显示操作，一般方法是在需要隐藏的零件上单击鼠标右键，然后在关联工具栏中选择【隐藏零部件】。但如果需要隐藏多个零件，这种操作方法显然效率较低，SOLIDWORKS 提供了更快的操作方法。

👉 **操作方法**

1）将光标移至需要隐藏的零件上，按键盘上的 < Tab > 键，光标所指向的零件即可隐藏。

2）反之，如果需要快速显示隐藏的零件，则将光标移至需要显示的零件上，按键盘上的 < Shift > 键 + < Tab > 键，即可快速显示光标所指向的零件。

> 注意：如果不清楚隐藏零件的位置，可按键盘上的 < Ctrl > 键 + < Shift > 键 + < Tab > 键进行查看。

技巧 99　快速插入零部件的几种方法

在装配体中插入零部件时，除了常规的【插入零部件】外还有多种方法，将不同的方法配合使用可以提高插入零部件的效率。

👉 **操作方法**

方法 1：在右侧任务栏的【文件探索器】中直接将所需零部件拖放至装配体中。【文件探索器】类似于资源管理器，其中列出了最近打开过的零部件及文件夹，可以方便地找到所需的零部件。

方法 2：在 Windows 的资源管理器中将所需零部件直接拖放至装配体中。

方法 3：在 SOLIDWORKS 中将当前打开的零部件直接拖放至装配体中。

技巧 100　性能评估

装配体完成后需要得到相关统计信息，如零件载入时间、零部件数量等，此时可以通过【性能评估】来获取这些信息。

👉 **操作方法**

打开装配体，单击工具栏中的【评估】/【性能评估】，系统弹出如图 6-23 所示列表，该列表中包含零部件载入信息、配合信息、装配体模式、统计数据等信息，可根据需要进行查看。另外，还可以将当前列表保存为独立的文件。

图 6-23　性能评估

技巧 101　配合参考

对于每次都以同样方法配合的零部件，可设定配合参考以定义所使用的配合及用作配合的零部件几何体。配合参考可指定零部件的一个或多个实体以供自动配合所用，当将带有配合参考的零部件拖动到装配体中时，SOLIDWORKS 会尝试查找具有同一配合参考名称与配合类型的其他零部件，并自动完成装配。如果名称相同，但类型不匹配，软件将不会添加配合。

操作方法

1）单击菜单中的【插入】/【参考几何体】/【配合参考】，弹出图 6-24 所示对话框。

图 6-24　设定配合参考

2）输入【参考名称】。这是关键性操作，装配时系统是通过该名称进行匹配的。在【主要参考实体】中选择配合参考的对象及配合类型，根据需要添加【第二参考实体】或【第三参考实体】。在本例中，参考实体是圆柱表面的同心与台阶平面的重合。

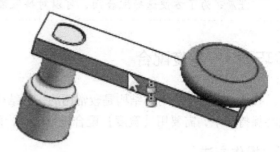

3）单击【确定】完成操作，保存文档。

4）打开待装配的装配体，将刚定义的零部件拖放至该装配体中，只要光

图 6-25　根据配合参考进行装配

标接近待配合的零部件后，系统就会自动根据配合参考加以配合，如图 6-25 所示。

注意：

1）自动配合的前提是两个零部件有相同的配合参考，只有其中一个有是不行的。

2）一个零部件可以有多个配合参考。

3）有些配合关系具有方向性，定义时要加以注意，可以通过试装来确定。

技巧 102　智能配合

大部分配合是两个对象间的配合，此时通过智能配合功能可以快速地进行配合，极大地提高了装配效率。

操作方法

1）按住键盘上的 <Alt> 键，在待装配零部件的配合面上按住鼠标左键并拖动该零部件，此时光标上会出现配合图标，如图 6-26 所示。

2）将光标移至要配合零部件的配合面上再松开鼠标，此时弹出快捷工具栏，如图 6-27 所示，系统会自动选择最佳配合关系。如果该关系与需要的配合相匹配，则直接单击【确定】完成该配合即可；如果不匹配，可选择想要的配合并单击【确定】。

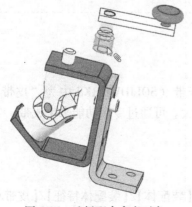

图 6-26　选择配合参考对象

图 6-27　选择所需配合

注意: 为了方便选择配合面, 可以对待装配的零部件进行旋转以方便选择。

技巧 103 宽度配合

在机械设备中, 对称结构是较常用的一种结构形式, 为了保证相关零部件在设计过程中始终保持居中, 需要用【宽度】配合进行配合, 而不能用类似尺寸控制的方式。

☞ **操作方法**

1) 按住键盘上的 < Ctrl > 键, 选择需要居中配合的四个面, 选择完成后松开 < Ctrl > 键, 弹出图 6-28 所示的快捷工具栏。

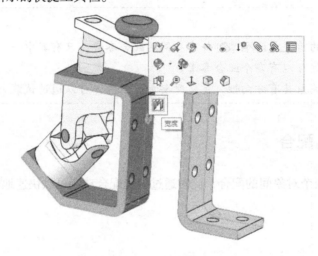

图 6-28 【宽度】配合

2) 选择【宽度】, 两个零件居中对齐。

注意:
1)【宽度】配合还支持两个平面与一个圆柱面的配合。
2) 选择配合面的先后顺序不影响配合关系。

技巧 104 生成带零件

带传动是动力传递中比较常用的一种方式, 由于带 (SOLIDWORKS 中为 "皮带") 涉及多个零件, 所以相关零件的修改对其影响的概率较大。可通过专用功能来生成带, 生成效率高且可以保证相关修改的同步性。

☞ **操作方法**

1) 打开需要生成带的装配体, 单击工具栏中的【装配体】/【装配体特征】/【皮带/链】。
2) 在出现的对话框中选择需生成带的几个带轮的草图圆或圆柱面, 如图 6-29 所示。

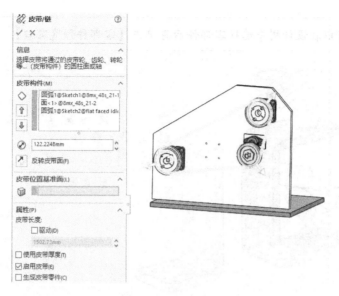

图 6-29　生成带零件

3）可以根据需要单击【反转皮带面】来更改带的安装方式，还可以指定生成带的基准面来放置带草图。

4）单击【确定】完成带的生成，系统生成带轮廓，且相关带轮具备了联动关系，如果拖动其中一个带轮旋转，则其他几个带轮会同步旋转。

> **注意:**
>
> 1）由于带的长度规格通常是一个尺寸系列而非任意尺寸，所以可以通过【驱动】输入所选带的长度反向驱动带轮位置，但此时带轮的位置必须是可以移动的。
>
> 2）由于该命令属于装配体命令，因此默认只生成带的轮廓线，如果需要生成相关零件，可勾选【生成皮带零件】复选框，以生成独立的带零件。

技巧 105　零部件预览

当装配体零件较多时，选择装配参考对象会很困难，此时可以通过【零部件预览窗口】功能来快速地选择参考对象。

☞ 操作方法

1）选择需单独显示的零部件的任意位置，在弹出的快捷工具栏中选择【零部件预览窗口】，如图 6-30 所示。

2）系统将在独立的窗口中显示选中的零部件，如图 6-31 所示。可以对独立窗口中显示的零部件进行任何视向操作，从而方便地选择所需对象，这与在主窗口选择效果一样。可以先在独立窗口中选择装配参考对象，再在主窗口中选择配合对象进行配合操作。

3）操作完成后单击【退出预览】，即可退出零部件预览状态。

注意：也可以在设计树中选择零部件后再单击【零部件预览窗口】。

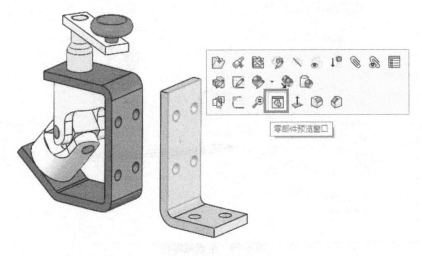

图 6-30　零部件预览

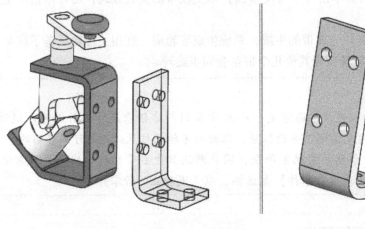

图 6-31　预览状态

技巧 106　智能零部件

【智能零部件】是提高设计效率的一大利器，在设计过程中，一些常用零部件在调入装配时，通常会有一套与之匹配的零部件及安装孔系。例如，一安装架在调入装配时，同时包含了安装螺栓、垫片、与之配套安装的安装板、配合孔等，此时可以通过【智能零部件】功能将它们全部整合到安装架中，装入该安装架时，这些相关零部件会自动生成，从而可大大提高设计效率。

☞操作方法

1）打开需制作智能零部件的装配体，单击菜单中的【工具】/【制作智能零部件】，弹出

【智能零部件】对话框。

　　2）选择安装架作为【智能零部件】，在【零部件】栏中选择四个螺钉，在【特征】栏中选择四个安装孔，注意不是安装架的四个孔，而是与之配合的另一零件的四个孔，如图 6-32 所示。

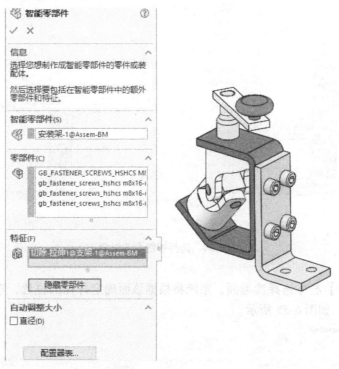

图 6-32　智能零部件设定

　　3）单击【确定】完成智能零部件的制作。

　　4）将该智能零部件装入一个新的装配体中，如图 6-33a 所示。装配好后的结果如图 6-33b 所示。

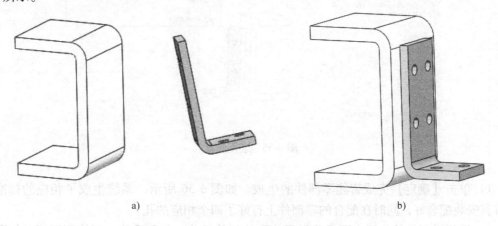

a)　　　　　　　　　　b)

图 6-33　装入智能零部件

5）在设计树中选中该智能零部件，该零部件一侧会出现智能图标，如图 6-34a 所示。单击该图标，弹出图 6-34b 所示对话框及预览。

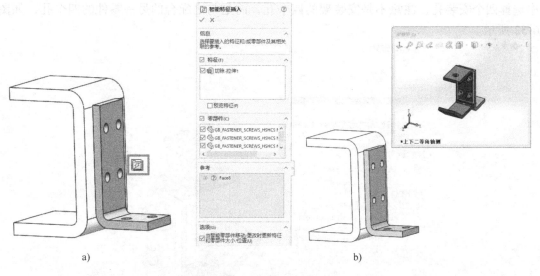

a)　　　　　　　　　　　　　　　　　b)

图 6-34　选择智能参考对象

6）在【参考】栏中选择参考面，系统将根据该面确定打孔的位置，选择参考面后绘图区出现装配预览，如图 6-35 所示。

图 6-35　装配预览

7）单击【确定】完成智能零部件的生成。如图 6-36 所示，系统生成了相应的标准件并将其安装配合好，同时在配合的零部件上打好了四个相应的孔。

8）智能零部件的位置变更后无需更改孔的相关尺寸，只需重建一下模型即可，如图 6-37 所示。

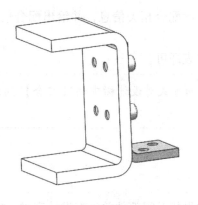

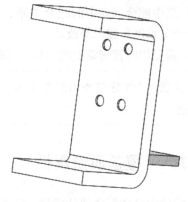

图 6-36 装配结果 图 6-37 更改位置

> **注意:**
> 1) 智能零部件是提升设计效率的非常有效的工具，在企业中可以专门做出规划，让工程师从烦琐的重复性劳动中解放出来。
> 2) 如果是多配置零部件，还可以根据配置自动调整孔的大小。

技巧 107 快速查看零件的配合关系

配合关系是装配的主要信息，对配合进行编辑修改时，首先要快速找到相应的配合关系。

操作方法

1) 选中需要查看配合关系的零件，在出现的快捷工具栏上单击【查看配合】，如图 6-38 所示。

2) 系统弹出所选零件的所有配合关系，并自动隐藏无配合关系的零件以方便查看，如图 6-39 所示。

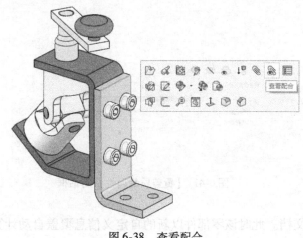

图 6-38 查看配合

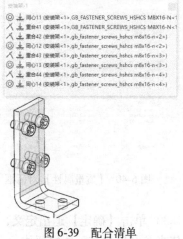

图 6-39 配合清单

3）选中配合列表中的配合关系，系统将高亮显示配合相关信息，并给出配合信息栏，可对配合关系进行编辑修改。

4）需退出时按键盘上的＜Esc＞键或关掉配合列表即可。

> 注意：为了方便查阅配合关系，可通过文件夹的方式对设计树中的【配合】列表进行管理。

技巧 108　覆盖质量属性

装配体中经常需要评估质量、重心等信息，但如果相关零部件并没有设计完成，或者在辅料之类没有具体模型的情况下，这些信息是不准确的。此时，可以用自定义的质量属性覆盖自动计算的值以方便评估。

操作方法

1）打开需要自定义质量信息的零部件，单击工具栏中的【评估】/【质量属性】，出现图6-40所示对话框。

2）单击【覆盖质量属性】，弹出图6-41所示对话框，根据需要输入自定义的质量、质心等属性。

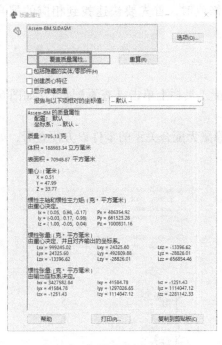

图6-40　【质量属性】对话框

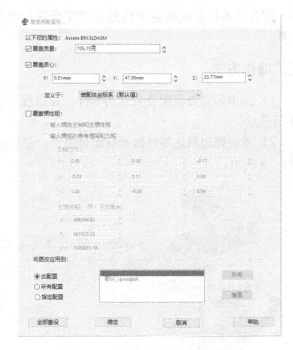

图6-41　【覆盖质量属性】对话框

3）单击【确定】退出定义，保存文档。此时该零部件以新的自定义信息覆盖自动计算的值来参与所属装配体的评估。

注意：如果零部件设计完成且需要自动计算的值，可用同样的功能取消自定义的值。

技巧 109 外部参考的锁定

在装配体中对零件进行编辑修改时，有时会引用配合零件的相关特征来生成新的特征，这些引用的特征称为"外部参考"。采用自顶向下的设计思路时，"外部参考"的使用频率更高。但如果使用时零件位置发生变化，则引用所生成的特征也会发生变化，这可能对设计方案变更非常不利，会出现原本只是想试一下另一种方案，结果却造成整个零件都报错的情况。此时可以通过"锁定"功能临时解除关联性。

操作方法

1）选择需要解除关联的零件，单击鼠标右键，在快捷菜单中选择【列举外部参考】，如图 6-42 所示。

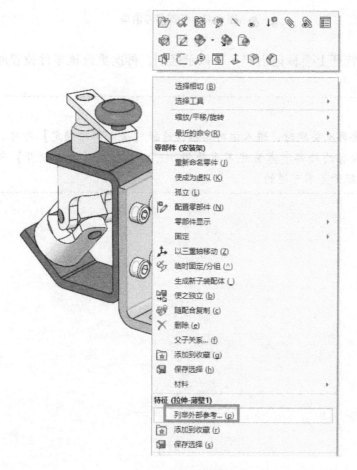

图 6-42 列举外部参考

2）系统弹出图 6-43 所示对话框，其中列出了所有的外部参考关系，单击【全部锁定】，然后单击【确定】退出设定。

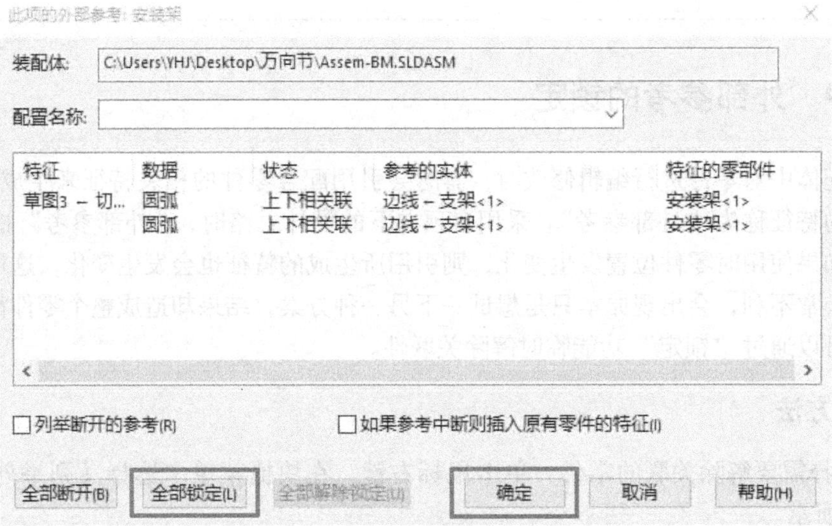

图 6-43　外部参考清单

3）此时在特征上会标记出"＊"以示区别，再次更改该零件位置时将不计算外部参考。

注意：

1）当需要再次关联时，进入该对话框，选择【全部解除锁定】即可。

2）如果原有的外部参考肯定不再使用，可以直接用【全部断开】断开关联关系，但切记此时的断开是不可逆的。

第7章 工程图技巧

工程图是设计部门与工艺、生产等部门连接的桥梁。在以三维为主要设计手段的当下，工程图的绘制需要花费大量时间才能保证其规范与准确。通过对本章内容的学习，可以提升工程图的生成效率。

技巧110 通过拖放快速生成视图

生成工程图的第一步就是生成基本视图，通常的做法是在【视图调色板】列表中找到对应模型后，将相应的视图拖入工程图中，如果当前模型处于打开状态，则可以采用更快捷的方法生成基本视图。

☞ **操作方法**

1）使模型与工程图均处于可见状态，将两个窗口平铺。按住鼠标左键拖动模型设计树上的模型名称，拖至工程图视图中后松开鼠标左键，出现图7-1所示对话框。

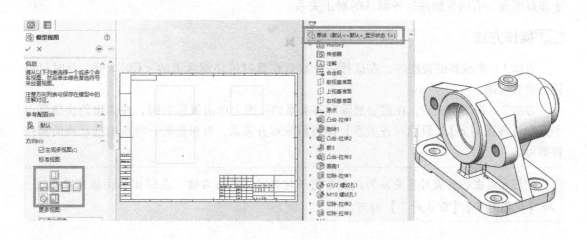

图7-1 通过拖放生成视图

2）在对话框中选择所要生成的视图，单击【确定】 ✔ 即可生成相应视图，如图7-2所示。

> **注意：** 该方法同样适用于装配体，而且可以生成装配体中任意一个零部件的视图而不用单独打开该零部件，直接从装配体设计树中拖动该零部件至工程图中即可，零部件必须处于"还原"状态。

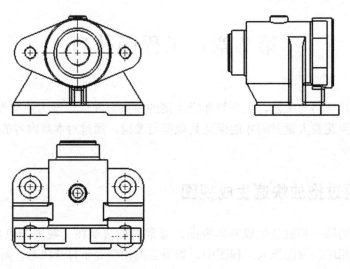

图 7-2 生成三视图

技巧 111 解除视图对齐

当生成一处新的投影视图、剖面视图或辅助视图时，其默认状态是对正于其主视图。由于布局需要，有时要解除这种默认的对正关系。

☞ **操作方法**

方法 1：生成新的视图时，在选择一个放置位置时按住键盘上的 < Ctrl > 键，此时可以任意放置视图。

方法 2：视图生成后，在需要解除对齐关系的视图上单击鼠标右键，在弹出的快捷菜单中选择【视图对齐】/【解除对齐关系】即可解除对齐关系，再根据需要将视图拖动到所需位置即可。

> 注意：当已解除对齐关系的视图需重新对齐时，单击右键，在弹出的快捷菜单中选择【视图对齐】/【默认对齐】即可。

技巧 112 剖视与剖面

剖视与剖面是工程图中较重要的表达方式，在 SOLIDWORKS 中，两者均是通过【剖面视图】功能来完成的。按剖视来表达还是按剖面来表达，可以通过该功能的选项进行切换。

☞ **操作方法**

1）单击工具栏【视图布局】/【剖面视图】，对视图进行剖切，系统默认生成剖面视图，如图 7-3 所示。

2）勾选【横截剖面】复选框，视图更改为剖面形式，如图 7-4 所示。

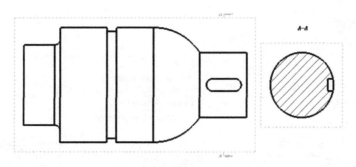

图 7-3 剖面视图

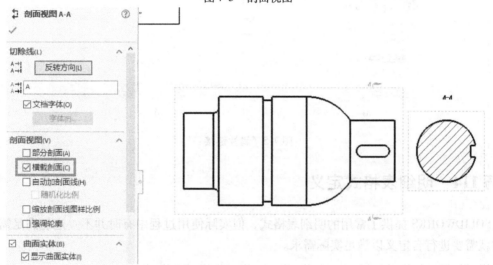

图 7-4 勾选【横截剖面】复选框

> **注意：**对于已生成的剖面视图，可以通过选中该剖面视图，在选项中加以更改来进行切换。

技巧 113 属性链接

在工程图中标注文字时，如果文字信息内容来自模型，则可以通过"属性链接"直接引用模型信息，并保持其关联性。

操作方法

1）单击工具栏中的【注解】/【注释】，弹出图 7-5a 所示对话框，单击【链接到属性】⬛，出现图 7-5b 所示对话框。

2）选中【此处发现的模型】单选按钮，并在【属性名称】中选择需关联的属性信息，选择完成后单击【确定】，在绘图区合适位置处放置该注释即可。

> **注意：**该注释以整体形式存在，不能修改其中的单个文字，需要修改时可以在模型中修改相应的属性信息。

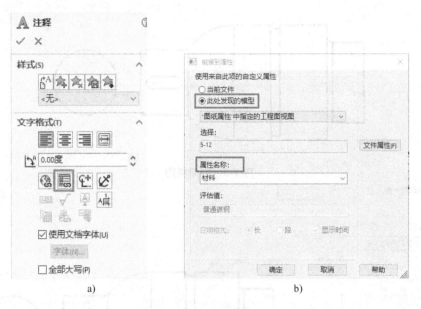

图 7-5　属性链接

技巧 114　明细表格式定义

SOLIDWORKS 提供了常用的明细表格式，但实际使用过程中有时并不一定能满足需求，此时就需要进行自定义以满足实际需求。

☞ 操作方法

1）按系统提供的模板生成明细表，选中整列后单击鼠标右键，在弹出的快捷菜单中根据需要对列进行增减，如图 7-6 所示。

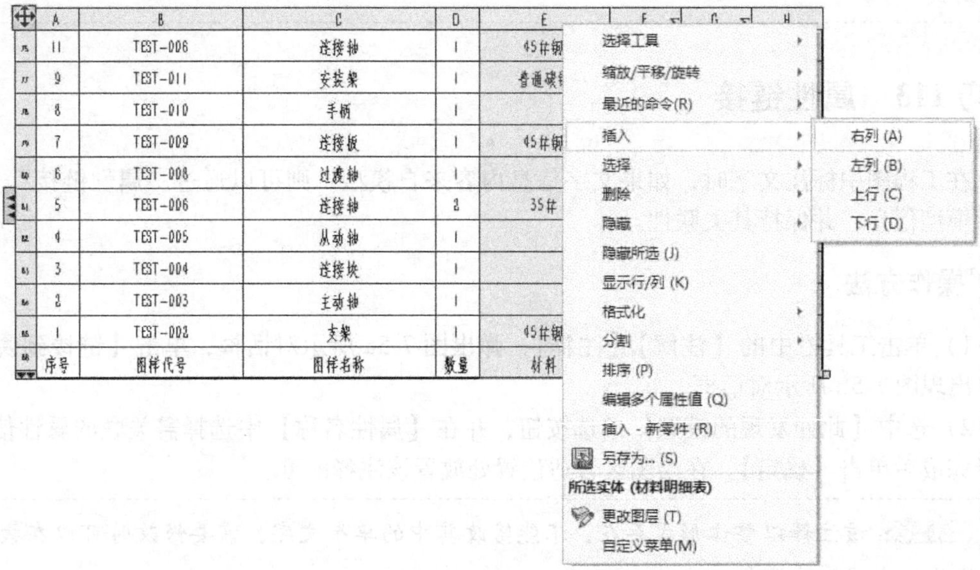

图 7-6　更改明细表格式

2）选中整列，在出现的快捷工具栏中单击【列属性】，如图7-7a所示，弹出【列类型】对话框，在其中选择所需关联的属性信息，如图7-7b所示。

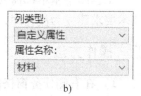

图 7-7　列属性设置

3）根据需要，对表格的列宽、文字格式等进行编辑。

4）编辑完成后在明细表的任意位置单击鼠标右键，在弹出的快捷菜单中单击【另存为】，如图7-8所示。在【另存为】对话框中选择保存目录与名称，将该明细表保存为"模板"文件。

图 7-8　另存模板

5）在下次生成材料明细表时，即可调用刚定义的模板，系统默认的是上一次所使用的模板，也就是说如果一直使用该模板，则只在生成材料明细表时选择一次即可，下次仍默认使用该模板。

> 注意：模板文件可以保存在任意文件夹中，可以按技巧 12 的定义方式在系统选项里进行位置定义。

技巧 115　添加注释库

工程图中基本都需要标注相应的技术要求，而技术要求的内容大同小异，可以将常用的技术要求建立为注释库，下次使用时直接调用，以提高技术要求的填写效率。

操作方法

1）在右侧任务窗格的"设计库"中，通过【添加文件位置】来添加一个空白文件夹用于存放库文件，如图 7-9 所示。

图 7-9　添加文件位置

2）通过【注释】编辑要加入库的文字。

3）选中要加入库的文字，单击"设计库"中的【添加到库】，如图 7-10 所示。

图 7-10　添加到库

4）系统弹出【添加到库】对话框，如图 7-11 所示，在该对话框中输入保存的名称后单击【确定】✔完成定义。

5）添加完成后，注释内容出现在设计库列表中，如图 7-12 所示，使用时只需用鼠标左键将其拖放至工程图中即可。

图 7-11　输入名称

图 7-12　添加完成

> **注意：** 为了能够迅速找到并使用所需注释，其命名要便于理解。

技巧 116　添加图块库

工程图中的一些信息是无法用三维模型来表达的，如工作原理图，此时需要直接在工程中进行绘制。而这些图形对象有些通用性较强，如电气元件、管路中的泵阀符号、建筑中的门窗等，可以将这些常用的对象建立为图块库，下次使用时直接调用即可，大大提高了类似图形的绘制效率。

☞操作方法

1）按技巧 115 中第一步的方法增加一个空白目录作为图块库的存放位置。

2）绘制图形后选中所有图形对象，单击工具栏中的【注解】/【块】/【制作块】，出现图 7-13 所示对话框，在其中定义好插入点，然后单击【确定】完成块定义。

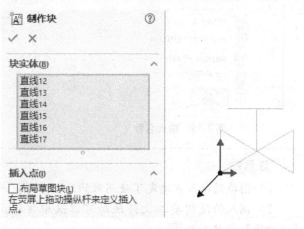

图 7-13　制作块

3）选中该图块，单击"设计库"中的【添加到库】，如图 7-14 所示。

图 7-14 添加到库

4）系统弹出【添加到库】对话框，如图 7-15 所示，在该对话框中输入保存的名称后单击【确定】 ✓ 完成定义。

5）定义完成的图块内容将出现在设计库列表中，如图 7-16 所示，使用时只需用鼠标左键将其拖放至工程图中即可。

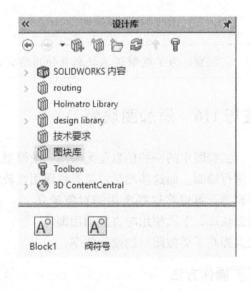

图 7-15 输入名称

图 7-16 添加完成

注意：

1）图块的插入点决定了使用时的定位参考，一定要根据使用情况准确定义。

2）调入的块需要二次修改时可以选中该块，单击鼠标右键，在快捷菜单中选择【爆炸块】将其打散。

技巧 117 装配体自动变换剖面线

SOLIDWORKS 在装配体工程图剖面视图中默认剖面线方向是一致的，这与国家标准不符，可以通过该选项控制剖面线方向，以减少后续修改工作量。

☞ **操作方法**

1）单击工具栏中的【视图布局】/【剖面视图】，对相应视图进行剖切，勾选属性对话框中的【自动加剖面线】复选框，系统会根据零部件间的位置关系自动确定剖面线方向，如图 7-17 所示。

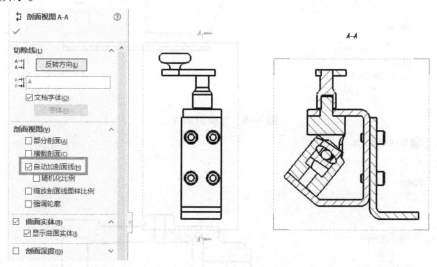

图 7-17 自动加剖面线

2）单击【确定】✓完成剖面视图的生成。

> **注意：** 如果装配体中零部件较多且密集，可以同时勾选【随机化比例】复选框，以进一步对剖面线进行优化，从而保证相邻零部件的剖面线方向不一样。

技巧 118 更改剖面线

SOLIDWORKS 默认剖面线是与材质相关联的，即建模时选择了材质后，其剖面线就已经确定了，但实际工作过程中有时需要更改剖面线。

☞ **操作方法**

1）单击所需更改的剖面线，出现图 7-18 所示对话框。

2）取消勾选【材质剖面线】复选框，此时剖面线的定义栏均可修改，根据需要定义剖面线的形式、比例、角度等参数，如图 7-19 所示。

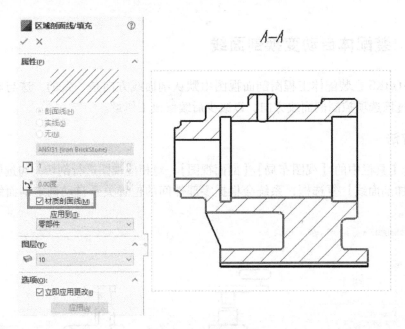

图 7-18　材质剖面线

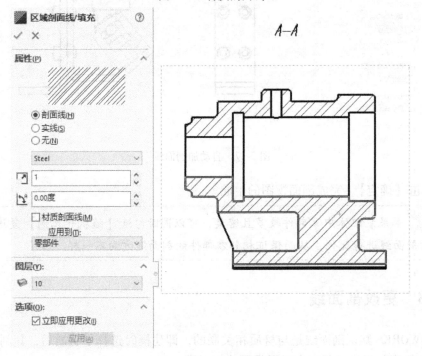

图 7-19　更改剖面线

3）单击【确定】✓完成剖面线的修改。

注意：

1）装配体中剖面线的修改方式相同。

2）如果选择【实线】选项，则用单一颜色进行填充。

技巧 119 添加螺纹

螺纹是机械部件中重要的基础特征之一，在工程图中可以对模型中的螺纹进行自动标注，如果模型中没有建立螺纹而只有光孔，则在工程图中也可手工添加螺纹。

☞操作方法

1）单击菜单中的【插入】/【注解】/【装饰螺纹线】，弹出图 7-20 所示对话框。

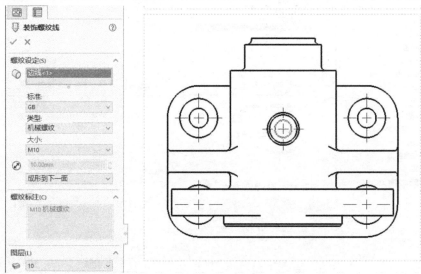

图 7-20 插入螺纹线

2）选择需要添加螺纹的孔边线，并设定相关参数。

3）单击【确定】✔完成螺纹添加。

> 注意：添加的螺纹会同步到模型中。

技巧 120 工程图模板与图纸格式

工程图模板与图纸格式在 SOLIDWORKS 中是两种不同的文档格式，其主要作用均是提供工程图基本环境。其中，工程图模板是在新建工程图时选用的，一旦选用则无法更换，如果因为所选模板不合适而需要更换，就需要用到图纸格式了。

☞操作方法

1）在工程图的设计树中选择"图纸"，单击鼠标右键，在弹出的快捷菜单中选择【属性】，如图 7-21 所示。

2）在弹出的【图纸属性】对话框中更改图纸格式，如图 7-22 所示。如果取消勾选【只显示标准格式】复选框，则系统将所有的图纸格式均显示在下方列表中供选择。

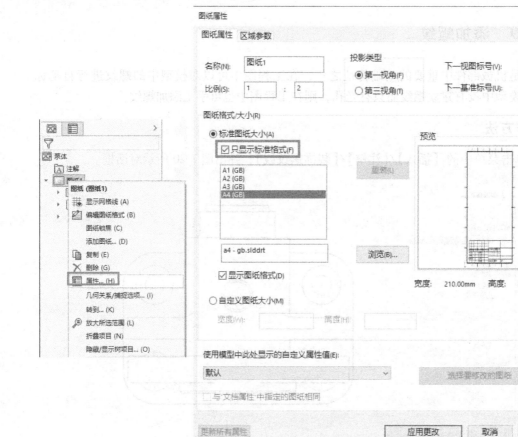

图 7-21 属性设置 图 7-22 更改格式

3）选择所需的格式后单击【应用更改】，即可更改当前的图纸格式。

> **注意：**
>
> 1）图纸格式在工程图进行到任何阶段时均可更改。
>
> 2）图纸格式不同于模板，在按模板格式定义好并作为图纸格式后，需要用菜单栏中的【文件】／【保存图纸格式】单独保存，下次才可调用。

技巧 121 在模板中加入图片

在企业应用中，图纸的图框、标题栏等通常是由企业自定义的，在标题栏中加上企业的标识是较为常见的做法。

☞**操作方法**

1）在工程图的任意位置单击鼠标右键，在快捷菜单中选择【编辑图纸格式】，如图 7-23 所示。

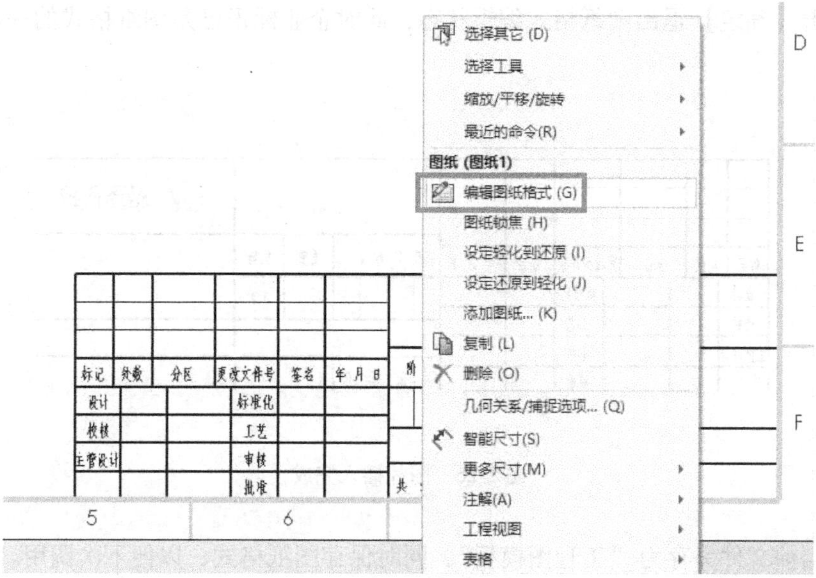

图 7-23 编辑图纸格式

2）系统进入格式编辑状态，如图 7-24 所示，此时图框、标题栏均为可编辑状态，可以利用草图功能编辑修改成所需格式。

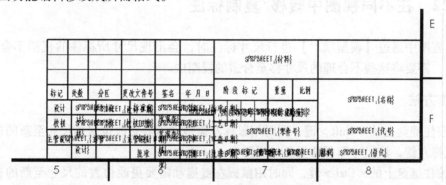

图 7-24 编辑格式内容

3）单击菜单中的【工具】/【草图工具】/【草图图片】，在弹出的对话框中找到所需的图片文件，根据需要调整图片大小及位置，如图 7-25 所示。

图 7-25 插入草图图片

4）单击【确定】退出图纸格式编辑状态，此时企业标识已是图纸格式的一部分，如图 7-26 所示。

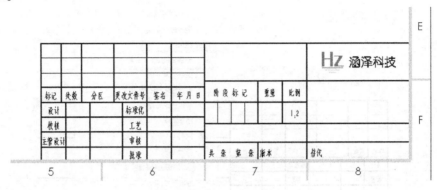

图 7-26　图片插入完成

5）将当前文件另存为"工程图模板"，同时保存图纸格式，以便下次调用。

注意：编辑图纸格式完成后一定要退出编辑状态再保存。

技巧 122　在不同视图中转移/复制标注

在工程图中通过【模型项目】进行尺寸标注时，会出现尺寸所标注的视图不合理的现象。此时，需要将这些不合理的尺寸移至合适的视图中。

操作方法

1）按住键盘上的 < Shift > 键，同时用鼠标左键拖动需要更改位置的尺寸至新的视图中，再松开鼠标左键，该尺寸即可移至新的视图中。

2）按住键盘上的 < Ctrl > 键，同时用鼠标左键拖动需要更改位置的尺寸至新的视图中，再松开鼠标左键，该尺寸即可复制至新的视图中。

注意：该方法同样适用于手工标注的尺寸。

技巧 123　尺寸快速对齐

使用【模型项目】标注的尺寸比较杂乱，重新对每个尺寸进行排布比较费时，可采用【尺寸快速对齐】方法进行尺寸的规则排列。

操作方法

1）框选所有尺寸，此时光标停留位置附近会出现一个四向箭头图标，如图 7-27 所示。

2）将光标移至该图标上，弹出图 7-28 所示的快捷工具栏。

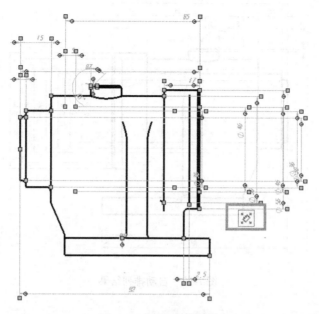

图 7-27　选择尺寸对象

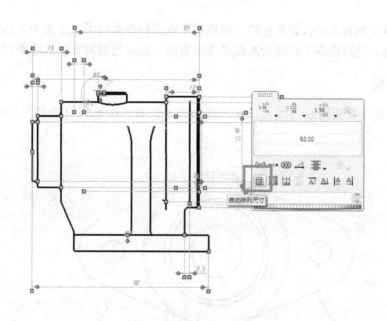

图 7-28　自动排列尺寸

3）用鼠标左键单击【自动排列尺寸】，系统将按文档属性中定义的尺寸规则对尺寸进行自动重排，如图 7-29 所示。

注意：该方法同时对尺寸文字位置进行重排。

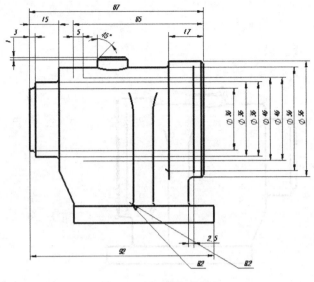

图 7-29　自动排列结果

技巧 124　隐藏/显示已有边线

三维软件中的视图是投影产生的，而现有工程图标准是以手工绘图为主制定的，其中很多是简化画法，这就造成了有些投影线是不需要的，这时需要对其加以隐藏以符合标准。

☞**操作方法**

方法 1：选中需要隐藏的线条，在出现的关联工具栏中选择【隐藏/显示边线】，如图 7-30 所示。

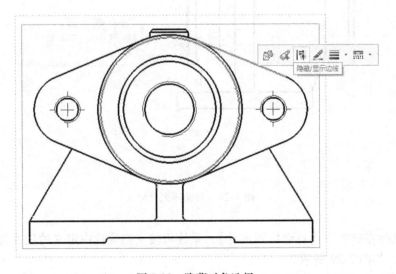

图 7-30　隐藏对象选择

方法 2：

1）在工具栏中单击鼠标右键，选中【线型】工具栏，如图 7-31 所示。

2）单击该工具栏中的【隐藏/显示边线】命令，再选择需要隐藏的线条，然后单击鼠标右键即可隐藏。

> **注意：**如果想要重新显示已隐藏的线条，可采用第二种方法，单击【隐藏/显示边线】后，已隐藏的线条会高亮显示，如图 7-32 所示，在需要重新显示的线条上单击鼠标左键即可。

图 7-31　隐藏边线命令

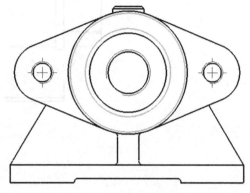

图 7-32　显示边线

技巧 125　取消加强筋的剖切

在工程图中生成剖面视图时，会剖开所有实体对象，但国家标准中加强筋是不剖切的，所以剖切时需要排除加强筋。

☞**操作方法**

方法 1：

1）单击工具栏【视图布局】/【剖面视图】，选择剖切位置后单击【确定】，当模型中存在"筋"特征时，会弹出图 7-33 所示对话框。

2）该对话框用于排除筋特征，在模型上单击选择筋特征，即可出现在该列表中并加以排除。

方法 2：

1）当已经生成的剖面视图需要排除筋特征时，选择该视图，单击鼠标右键，在弹出的快捷菜单中选择【属性】，如图 7-34 所示。

2）系统弹出图 7-35 所示对话框，切换至【剖面范围】选项卡，再选择所需排除的筋特征即可。

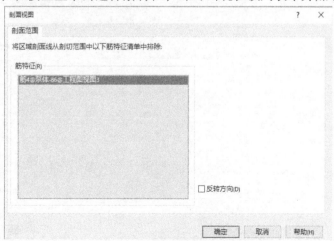

图 7-33　剖面范围排除筋

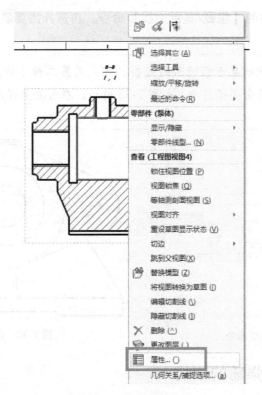

图 7-34   视图属性设置

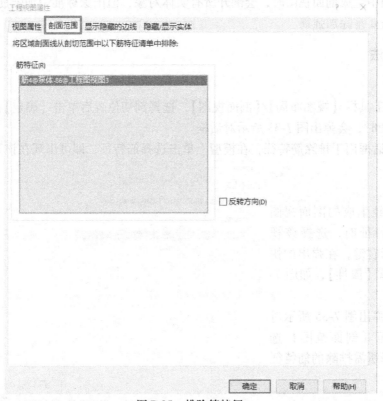

图 7-35   排除筋特征

注意：如果在视图中不方便选择筋特征，可以在设计树中找到该筋特征单击进行选择。

技巧 126 取消不剖切的零部件

在装配体工程图中生成剖面视图时，会剖开所有零部件，但并非所有零部件均需要剖切，此时就需要排除不剖切的零部件。

操作方法

方法 1：

1）单击工具栏【视图布局】/【剖面视图】，选择剖切位置后单击【确定】，系统弹出图 7-36 所示对话框。

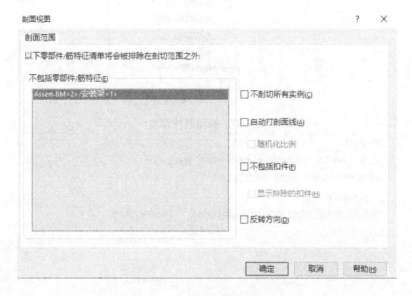

图 7-36　剖面范围排除零部件

2）该对话框用于排除零部件及筋特征，在模型上单击选择需排除的零部件及筋，即可出现在该列表中加以排除。

方法 2：

1）当已经生成的剖面视图需要排除零部件时，选择该视图，单击鼠标右键，在弹出的快捷菜单中选择【属性】，如图 7-37 所示。

2）系统弹出图 7-38 所示对话框，切换至【剖面范围】选项卡，然后选择所需排除的零部件及筋即可。

注意：如果在视图中不方便选择零部件，可以在设计树中找到该零部件单击进行选择。

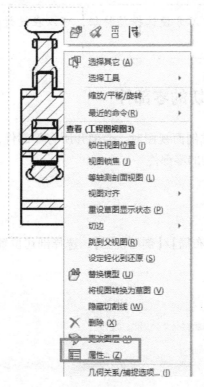

图 7-37 视图属性设置

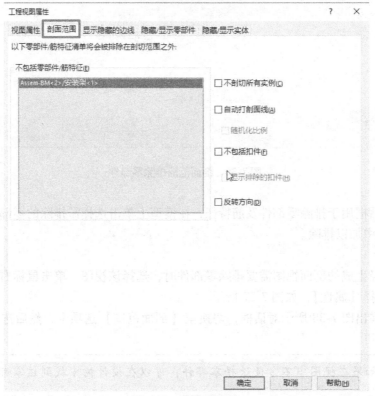

图 7-38 排除零部件

技巧127　部分剖面

剖面视图有时只需要剖切部分区域，此时可以通过半剖功能来实现。

操作方法

1）单击工具栏【视图布局】/【剖面视图】，在弹出的对话框中切换至【半剖面】，如图7-39所示。

2）选择需剖切的视图中的参考点，如图7-40所示，捕捉选择圆心。

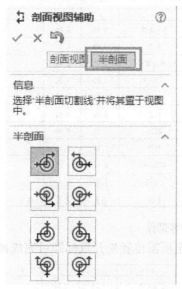

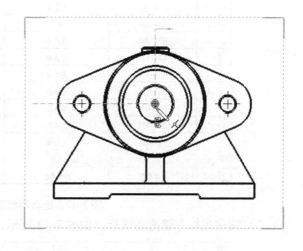

图7-39　半剖命令　　　　　　　　　　　　　图7-40　选择半剖位置

3）单击【确定】完成部分剖切，结果如图7-41所示。

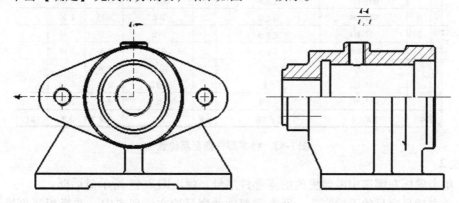

图7-41　半剖完成

注意：半剖面有多种形式，且无法通过预览查看剖切结果，为了防止反复修改，可以在练习时对各种剖切形式均加以尝试，了解其剖切结果，以方便选用。

技巧 128　更改零部件排序

SOLIDWORKS 在生成明细表时默认是按照设计树的装配顺序排序的，这种排序规律性不强，有时不符合规范化要求，需要进行调整。

☞操作方法

方法 1：

1）将鼠标移至需要调整顺序的行的最左侧，光标变成一个右向箭头，如图 7-42 所示。

⊕	A	B	C	D	E	F Σ	G Σ	H
4	10	TEST-011	安装架	1	普通碳钢	0.29	0.29	
5	9	TEST-010	手柄	1	ABS	0.00	0.00	
6	8	TEST-009	连接板	1	45#钢	0.00	0.00	
7	7	TEST-008	过渡轴	1	Q235-A	0.00	0.00	
8	6	TEST-006	连接轴	2	35#	0.00	0.00	
9	5	TEST-006	连接轴	1	45#	0.00	0.00	
10	4	TEST-005	从动轴	1	Q235	0.00	0.00	
11	3	TEST-004	连接块	1	35#	0.00	0.00	
12	2	TEST-003	主动轴	1	Q235-A	0.00	0.00	
13	1	TEST-002	支架	1	45#钢	0.00	0.00	
14	序号	图样代号	图样名称	数量	材料	单重	总重	备注

图 7-42　拖动明细表中的零部件

2）按住鼠标左键拖动该行，如图 7-43 所示，拖至所需位置松开鼠标即可完成调整。

⊕	A	B	C	D	E	F Σ	G Σ	H
4	10	TEST-011	安装架	1	普通碳钢	0.29	0.29	
5	9	TEST-010	手柄	1	ABS	0.00	0.00	
6	8	TEST-009	连接板	1	45#钢	0.00	0.00	
7	7	TEST-008	过渡轴	1	Q235-A	0.00	0.00	
8	6	TEST-006	连接轴	2	35#	0.00	0.00	
9	5	TEST-006	连接轴	1	45#	0.00	0.00	
10	4	TEST-005	从动轴	1	Q235	0.00	0.00	
11	3	TEST-004	连接块	1	35#	0.00	0.00	
12	2	TEST-002	支架	1	45#钢	0.00	0.00	
13	1	TEST-003	主动轴	1	Q235-A	0.00	0.00	
14	序号	图样代号	图样名称	数量	材料	单重	总重	备注

图 7-43　将零部件拖至新位置

方法 2：

1）单击鼠标左键选中需要更改的零部件序号，弹出图 7-44 所示对话框。

2）单击项目序号的下拉箭头，所有零部件的序号均在该列表中，选择想要更换至的序号即可。

> 注意：在 SOLIDWORKS 中，零部件序号与明细表是关联的，只需更改其中之一即可。

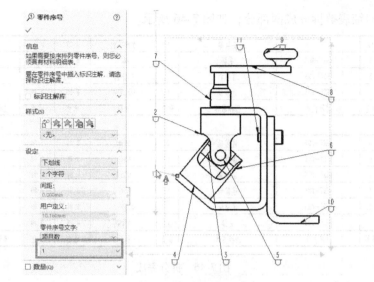

图 7-44 更改零部件序号

技巧 129 拆分明细表

随着装配体中所包含零部件数量的增多，需要对明细表进行拆分，以方便放置。

☞**操作方法**

1）移动鼠标至明细表需拆分的行处，单击鼠标右键，在弹出的快捷菜单中选择【分割】/【横向下】，如图 7-45 所示。

A	B	C	D	E	F	G	H
10	TEST-011	安装架	1	普通碳钢	0.29	0.29	D
9	TEST-010	手轮	1	ABS	0.00	0.00	
8	TEST-009	连接板	1	45#钢	0.00	0.00	
7	TEST-008	过渡轴	1	Q235-A	0.00	0.00	
6	TEST-006	连接轴	2	35#	0.00	0.00	
5	TEST-006			45#	0.00	0.00	E
4	TEST-005			Q235	0.00	0.00	
3	TEST-004			35#	0.00	0.00	
2	TEST-002			Q235-A	0.00	0.00	
1				45#钢	0.00	0.00	
序号	图样代号			材料	单重	总重	备注

选择工具 ▶
缩放/平移/旋转 ▶
最近的命令 (R) ▶
打开 连接轴.sldprt (F)
插入 ▶
选择 ▶
删除 ▶
隐藏 ▶
显示行/列 (K)
格式化 ▶
分割 ▶   水平自动分割 (A)
排序 (P)   横向上 (B)
编辑多个属性值 (Q)   横向下 (C)
插入-新零件 (R)   纵向左 (D)
另存为... (S)   纵向右 (E)
所选实体 (材料明细表)
更改图层 (T)
自定义菜单(M)

图 7-45 分割明细表

2）此时明细表被拆分成两部分，如图 7-46 所示。

10	TEST-011	安装座	1	普通碳钢	0.29	0.29	
9	TEST-010	手柄	1	ABS	0.00	0.00	
8	TEST-009	连接板	1	45#钢	0.00	0.00	
7	TEST-008	过渡轴	1	Q235-A	0.00	0.00	
序号	图样代号	图样名称	数量	材料	单重	总重	备注

6	TEST-006	连接轴	2	35#	0.00	0.00	
5	TEST-006	连接轴	1	45#	0.00	0.00	
4	TEST-005	从动轴	1	Q235	0.00	0.00	
3	TEST-004	连接块	1	35#	0.00	0.00	
2	TEST-003	主动轴	1	Q235-A	0.00	0.00	
1	TEST-002	支架	1	45#钢	0.00	0.00	
序号	图样代号	图样名称	数量	材料	单重	总重	备注

图 7-46 拆分完成

3）移动拆分的明细表至合适的位置即可。

注意：拆分有多个功能选项，练习时可一一尝试。

技巧 130 投影方式切换

国家标准是采用第一视角方式进行投影的，有时与国外沟通交流时需要切换为第三视角生成相应视图。

操作方法

1）在设计树中的【图纸】项上单击鼠标右键，在弹出的快捷菜单中选择【属性】，如图 7-47 所示。

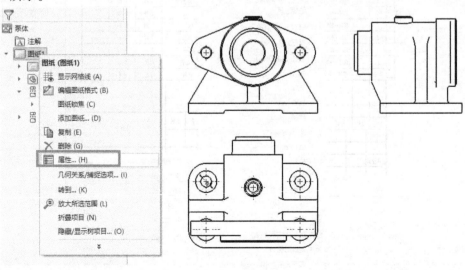

图 7-47 视图属性

2）在弹出的对话框中将【投影类型】更改为【第三视角】，如图 7-48 所示。

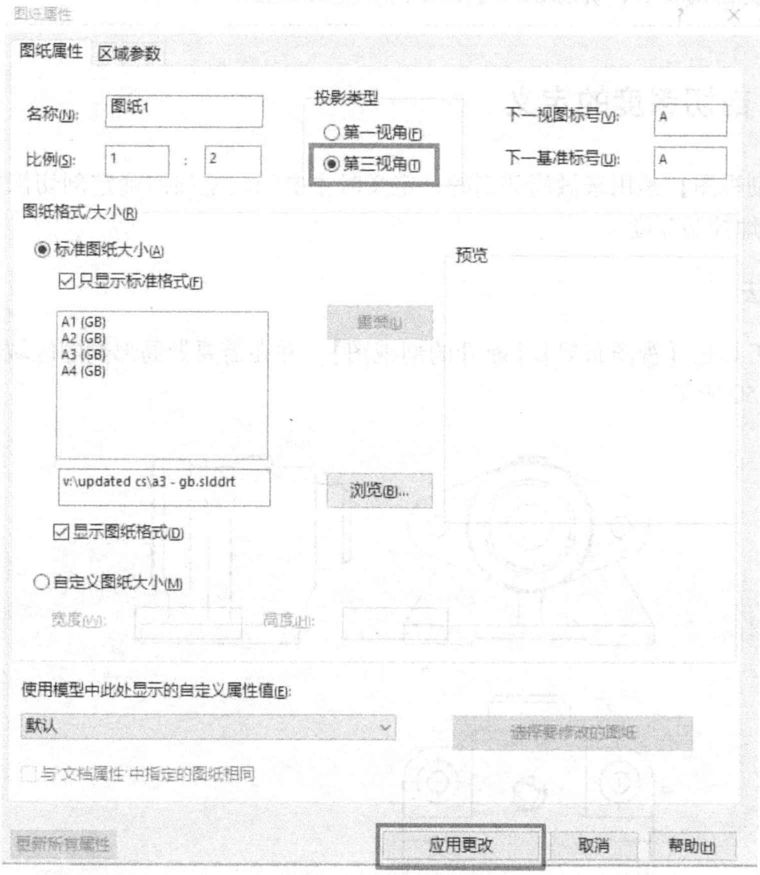

图纸属性

图纸属性　区域参数

名称(N)：　图纸1

比例(S)：　1　:　2

投影类型
○ 第一视角(F)
◉ 第三视角(T)

下一视图标号(V)：　A
下一基准标号(U)：　A

图纸格式/大小(R)

◉ 标准图纸大小(A)

☑ 只显示标准格式(F)

A1 (GB)
A2 (GB)
A3 (GB)
A4 (GB)

v:\updated cs\a3 - gb.slddrt

重装(L)

浏览(B)...

☑ 显示图纸格式(D)

○ 自定义图纸大小(M)

宽度(W)：　　　　高度(H)：

使用模型中此处显示的自定义属性值(E)：

默认

选择要修改的图纸

□ 与 文档属性 中指定的图纸相同

更新所有属性　　　　　　　应用更改　　取消　　帮助(H)

预览

图 7-48　更改投影类型

3）单击【应用更改】，视图更改为第三视角状态，如图 7-49 所示。

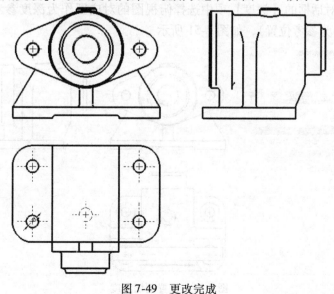

图 7-49　更改完成

注意：视图切换后，其标注尺寸也会同步更改位置。

技巧 131　剖切深度的定义

【断开的剖视图】是用来做局部剖的，定义时主要问题是如何确定剖切深度，通过参考边线能很容易地控制深度。

☞操作方法

1）单击工具栏【视图布局】/【断开的剖视图】，并在需要做局部剖的区域绘制相应草图曲线，如图 7-50 所示。

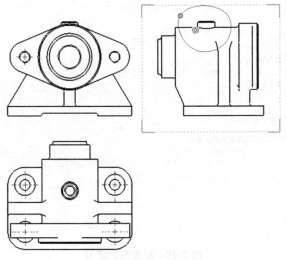

图 7-50　绘制草图曲线

2）在弹出的对话框的【深度】项中选择俯视图的对应圆作为深度参考（当选择圆时，系统自动以圆中心为参考位置），如图 7-51 所示。

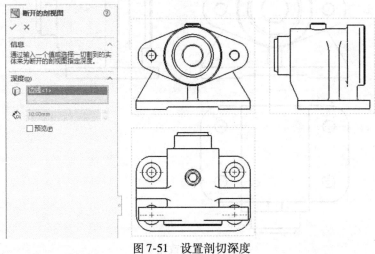

图 7-51　设置剖切深度

3）单击【确定】完成局部剖，结果如图 7-52 所示。

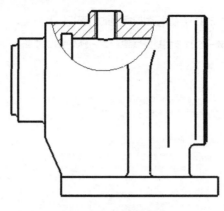

图 7-52　局部剖完成

> **注意：** 如果局部剖范围是矩形或其他形状，可以先绘制出表达范围的草图，再用【断开的剖视图】功能进行局部剖，通过这种方法也可完成半剖操作。

技巧 132　阶梯剖的快速方法

阶梯剖也是较常用的剖切形式，但如果用【剖面视图】功能编辑剖切位置，则尺寸不容易控制，操作不方便。此时可以先绘制剖切位置，再用【剖面视图】功能快速生成阶梯剖。

☞ **操作方法**

1）单击工具栏【草图】/【直线】，绘制图 7-53 所示的阶梯剖剖切线。

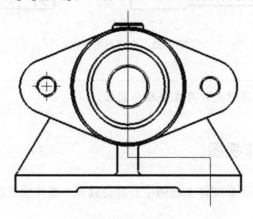

图 7-53　绘制草图

2）选中剖切线中的一条，单击工具栏【视图布局】/【剖面视图】，系统弹出选择剖面选项，如图 7-54 所示，选择第一个选项。

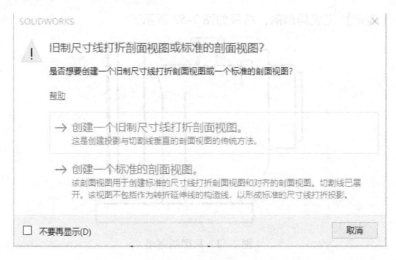

图 7-54 选择剖面选项

3）如果模型存在筋特征，接着会弹出剖面范围选项，直接单击【确定】，然后选择合适的位置放置剖面视图即可，结果如图 7-55 所示。

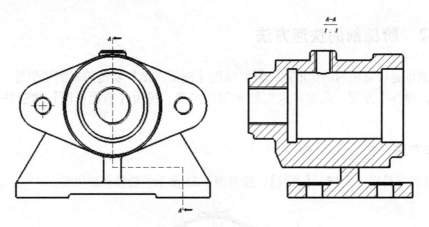

图 7-55 完成剖面视图

注意：阶梯剖剖切线中允许存在斜线与圆弧。

技巧 133 显示爆炸视图

为了便于交流和理解，装配体工程图中经常会放置一爆炸轴测图，爆炸轴测图的生成有多种方法。

操作方法

方法 1：

1）生成一轴测图，选中该轴测图，弹出图 7-56 所示对话框。

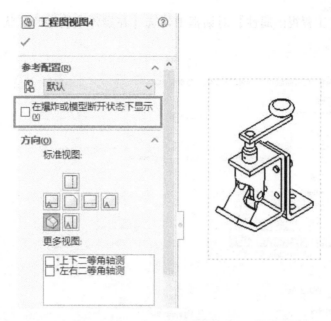

图 7-56 选择爆炸状态

2）勾选【在爆炸或模型断开状态下显示】复选框，原有轴测图转为爆炸状态显示，如图 7-57 所示。

方法 2：

1）在已生成的轴测图上单击鼠标右键，在快捷菜单中选择【属性】，如图 7-58 所示。

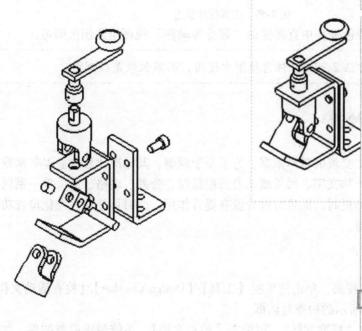

图 7-57 爆炸结果

图 7-58 视图属性

2）在弹出的【工程视图属性】对话框中勾选【在爆炸或模型断开状态下显示】复选框，如图 7-59 所示。

图 7-59   选择爆炸状态

方法 3：在【视图调色板】中直接拖动"爆炸等轴测"视图至绘图区即可。

> **注意：**方法 1 与方法 2 可以在任意视图中使用，而不仅仅是轴测图。

技巧 134   标准化检查

工程图是很多场合中交流的基本依据，为了便于理解，其标准化程度显得非常重要。由于标准化涉及很多方面，如文字、尺寸线、表面粗糙度、公差、表格、箭头等一系列工程图要素，使得检查校对相当耗时，而且对设计没有提升作用，此时可使用标准化检查功能，以大大减少这方面的工作量。

操作方法

1）打开需检查的工程图，单击菜单栏【工具】/【Design Checker】/【检查活动文档】，在任务窗格中弹出图 7-60 所示的检查对话框。

2）选择用于检查的"标准文件"，再单击【检查文档】，系统弹出检查结果，如图 7-61 所示，列表中列出了所有问题项，选择其中的具体问题项后，会在下方列出更详细的信息，包括标准值是多少、当前值是多少等。

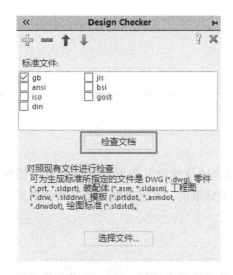

图 7-60　选择标准

图 7-61　检查结果

3）如果接受"标准文件"中的相关标准，则单击【自动全部纠正】，系统会对所有与标准不相符的项目进行自动纠正，大大减少了人工修改的工作量。也可以单击【纠正选定项】，此时仅纠正所选项。

> 注意：可以根据需要自定义检查标准，单击【工具】/【Design Checker】/【编制检查】，进入标准编制界面，根据需要定义后保存成自己的标准供后续调用。

技巧 135　快速拖动视图

调整视图位置是使用频率非常高的一种常用操作，要拖动视图到合理的位置，通常的做法是将鼠标移至视图的边框或边线上，待光标出现移动提示符后，再按住鼠标左键移动视图，除此之外还有更为便捷的方法。

操作方法

按住键盘上的 < Alt > 键，在视图的任意位置按住鼠标左键，即可进入移动视图状态，如图 7-62 所示，可随意拖动视图。

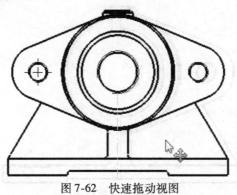

图 7-62　快速拖动视图

> 注意:
> 1)移动过程中可以松开键盘上的 < Alt > 键。
> 2)不可以选择标注的尺寸。

技巧 136　螺纹线的表达

SOLIDWORKS 中的螺纹线默认为始终显示,当该螺纹线被其他对象所遮挡或者螺纹孔已被剖切后,仍显示完整的螺纹线,这是不符合相关标准的。在这些情况下,需要对螺纹线进行剪裁或隐藏。

☞操作方法

1)如图 7-63 所示的视图,其右侧螺纹线显然是不需要表达的。选中要修改的视图,在【装饰螺纹线显示】选项中勾选【高品质】选项。

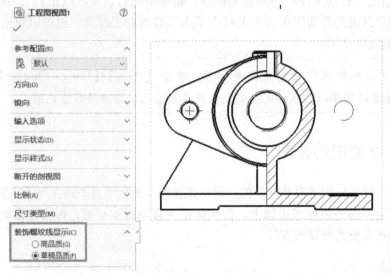

图 7-63　选择高品质

2)单击【确定】完成设定,视图的螺纹线重新计算,结果如图 7-64 所示。

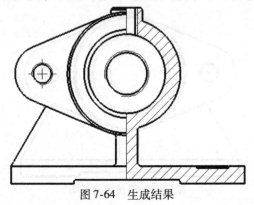

图 7-64　生成结果

> 注意：由于高品质螺纹线会占用较多系统资源，因此在不影响表达的情况下不使用"高品质"选项。

技巧 137　分离的工程图

三维软件中的工程图都是与模型相关联的，如果没有模型，则打开工程图后会报错且没有内容。但有时需要单独复制工程图，该如何处理呢？

操作方法

1）保存时将【保存类型】更改为"分离的工程图"，如图 7-65 所示。保存后的文件与源文件的格式一样，但不需要模型支撑也可以完整地打开该工程图。

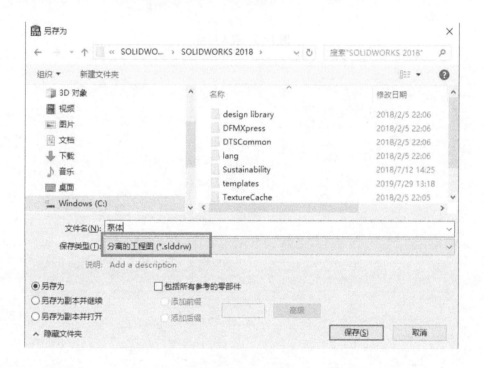

图 7-65　分离的工程图

2）打开分离的工程图后，在其图标上会有一个断开的链环以示区别。当需要重新与模型关联时，在视图任意位置单击鼠标右键，在快捷菜单中选择【装入模型】即可，如图 7-66 所示。

> 注意：基于交流方便性的需要，还可将其另存为 eDrawing 格式的文档，甚至可以通过 eDrawing 将其再保存为 ".exe" 格式的执行程序，以方便在其他计算机中打开该文档。

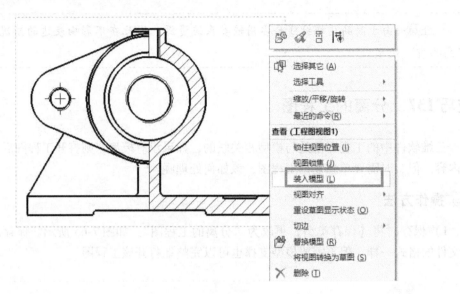

图 7-66　载入模型

第8章　文件操作技巧

本章主要介绍与文件操作相关的功能，包括属性的添加、关联性保证等。

技巧 138　属性标签定制

零部件的属性信息记录着零部件的各类附加信息，如零件名称、零件代号、设计人员、加工方式等。对于同一个单位而言，这些信息的种类通常是固定的，可以通过属性标签定制的方法来达到快速填写的目的。

⬆️操作方法

1）单击 Windows 程序组中的【SOLIDWORKS 工具】/【属性标签编制程序】，启动编制程序，弹出图 8-1 所示对话框。

图 8-1　属性标签编制程序

2）可在该对话框中对属性的具体条目进行定义，通过添加一个【组框】来容纳属性内容，属性条目可以包含【文本框】（填入文字或关联模型信息）、【列举】（可选内容清单）、【号数】（数值）、【复选框】（根据选择出现不同的值）、【圆按钮】（多选一选项内容）等项目。

3）根据需要定义属性内容，图 8-2 所示为常用的几种内容形式。

图 8-2　自定义属性

4）保存为零件属性模板文件。

5）在需要添加文件属性的模型右侧的自定义属性栏中选择刚刚保存的"操作技巧范例"，如图 8-3 所示。

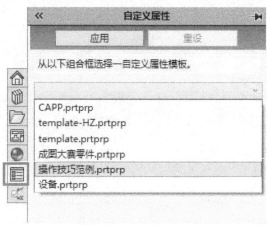

图 8-3　选择属性模板

6）在属性列表中填写属性内容，如图 8-4 所示。

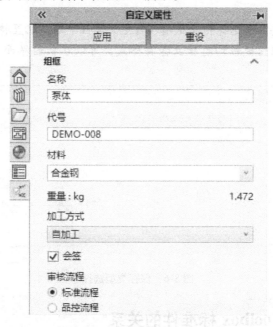

图 8-4　填写属性内容

7）单击【应用】，查看模型属性时可以看到相关信息已全部填入模型属性中，如图 8-5 所示。

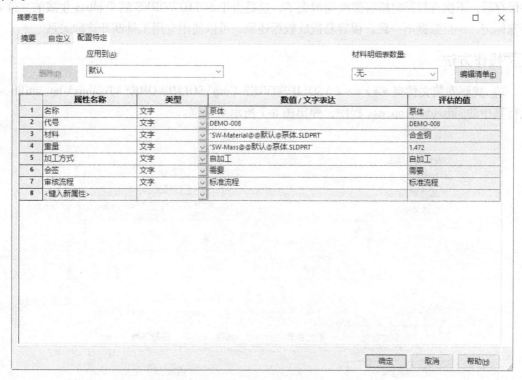

图 8-5　属性查询

注意：

1）定义属性时要注意选择信息是填入自定义属性中还是配置特定属性中。

2）装配体、工程图模板均有独立保存格式，可以在初始界面中的最右一列进行选择，如图 8-6 所示。

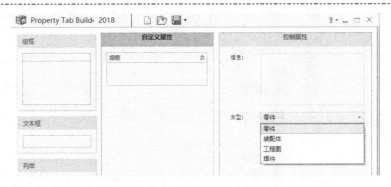

图 8-6　保存类型选择

技巧 139　断开 Toolbox 标准件的关系

在建模过程中，有些模型是先通过 Toolbox 生成基础模型，再经二次修改生成新的零件。例如，齿轮是通过 Toolbox 生成基本齿形，再添加其他结构生成最终齿轮。但有时会发现修改并保存后，下次再打开时所有修改均消失了，这是由于 SOLIDWORKS 的 Toolbox 生成的文件有特殊标记，一旦数据不一致，很容易造成数据还原，可以使用专用工具断开这种关系。

☞操作方法

1）找到安装文件夹 ＊＊＊＊＊＊\SOLIDWORKS Corp\SOLIDWORKS\Toolbox\data utilities，执行其中的 sldsetdocprop. exe 程序，弹出图 8-7 所示对话框。

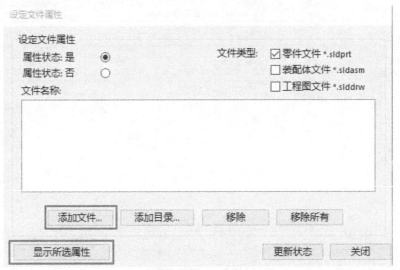

图 8-7　设定文件属性

2）单击【添加文件】，选择需要断开关系的零件，添加完成后单击【显示所选属性】，弹出图 8-8 所示提示框，可以看到该零件属于 Toolbox 专有零件。

sldsetdocprop ✕

⚠ 文件 (C:\Users\YHJ\Desktop\000\GB - Rack-spur - rectangular 3M 20PA 12FW 40PH 200L---SAll.sldprt) 属性 (IsToolboxPart) = (Copied)

确定

图 8-8　查看文件属性

3）将属性状态更改为"否"，再单击【更新状态】。

4）再次单击【显示所选属性】，弹出图 8-9 所示提示框，可以看到此零件的 Toolbox 属性已被解除。

sldsetdocprop ✕

⚠ 文件 (C:\Users\YHJ\Desktop\000\GB - Rack-spur - rectangular 3M 20PA 12FW 40PH 200L---SAll.sldprt) 属性 (IsToolboxPart) = (No)

确定

图 8-9　更改后的文件属性

5）断开关系的零件可以像普通零件一样进行修改而不用担心被数据库还原。

> 注意:
>
> 1）如果经常用到该功能，可以给该程序创建一个快捷方式。
> 2）该功能支持批量操作，可以直接添加整个文件夹。

技巧 140　打包装配体

由于三维软件中的零件、装配体、工程图等均是互相关联的，复制时为了确保能完整地打开装配体，需要将相关文件同步打包在一起。

☞操作方法

方法 1:

1）打开需要打包的装配体，单击菜单中的【文件】/【Pack and Go】，弹出图 8-10 所示对话框。

2）在该对话框中选择需要打包在一起的对象，再选择打包后保存的文件夹，也可以将所有打包对象保存到"Zip"压缩包中。

3）单击【保存】。

图 8-10 【Pack and Go】界面

方法 2：

1）单击 Windows 程序组中的【SOLIDWORKS】/【SOLIDWORKS Explorer】，弹出图 8-11 所示对话框。

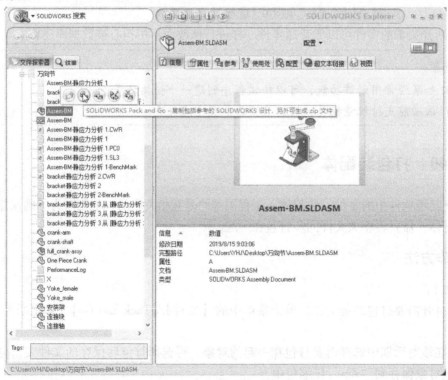

图 8-11 在 SOLIDWORKS Explorer 中打包

2）选中需要打包的对象，在快捷工具栏上单击【Pack and Go】，弹出图 8-10 所示对话框，接下来的操作与方法 1 相同。

> **注意:**
> 1）该功能在有些版本中的名称是【打包】。
> 2）零件、装配体、工程图均可利用该功能进行打包。

技巧 141 替换零部件

在产品设计过程中，对于某些零部件可能有多个设计方案，此时需要分别对多个方案的零部件进行装配以方便评审。使用【替换零部件】功能可以很方便地调入不同方案的零部件，同时保持原有的配合关系。

☞ 操作方法

1）在需要替换的零部件上单击鼠标右键，在快捷菜单中单击【替换零部件】，如图 8-12 所示。

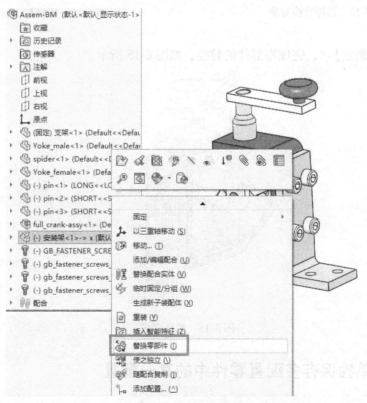

图 8-12　替换零部件

2）在弹出的对话框中单击【浏览】，查找替换的零部件，如图 8-13 所示。

3）单击【确定】✓，系统弹出配合关系编辑对话框，如图 8-14 所示，系统会根据原零部件的配合关系自动匹配，如果没有对应关系会给出相应提示，也可以手动更改配合关系。

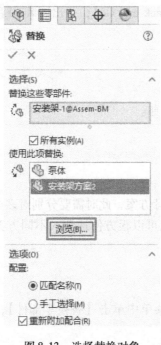

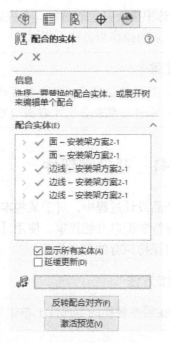

图 8-13　选择替换对象　　　　　　　　　图 8-14　编辑配合关系

4）单击【确定】✓，完成零部件的替换，如图 8-15 所示。

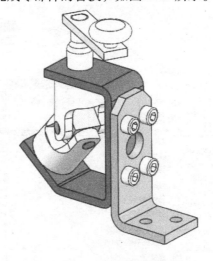

图 8-15　替换完成

技巧 142　单独保存多配置零件中的某一配置

通过配置方法快速生成相似零件是一种常用的零件批量生成方法，但该方法有一个缺点：在用该零件装配时，不管是否需要用到其他配置，都会将其信息全部带入装配中，这无形中使装配体占用了更多计算机资源，尤其是在装配体中用到多种这类零件时。

如果在装配体中只用到其中某一个配置，可以采用下述方法将该配置独立出来，以大大减少装配体对系统资源的占用。

☞操作方法

1）在系统的【选项】/【系统选项】/【FeatureManager】中将选项"实体"更改为"显示"，详见本书中的技巧 13。

2）在设计树中的"实体"项上单击鼠标右键，选择快捷菜单中的【保存实体】，如图 8-16 所示。

3）在弹出的对话框中选择保存对象，并根据需要命名该文件，可以双击"文件"栏更改保存路径，如图 8-17 所示。

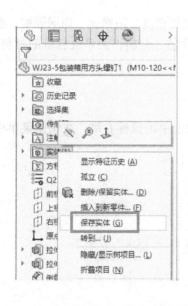

图 8-16　保存实体

图 8-17　更改保存信息

4）打开保存的文件，使用【列举外部引用】选项将其外部参考断开，操作方法详见本书中的技巧 109。

注意：该方法虽然能大大减少文件大小，但同时也没有了建模步骤，所以只有当所选用的配置确定后才可用这种方法。

第9章　库操作技巧

虽然 SOLIDWORKS 提供了多种库来提升建模效率，但系统自带的库内容还是满足不了日渐增加的需求，需要对库内容进行编辑或增加。

技巧143　材料库

任何一个模型均需要相应的材料，通过材料赋予模型密度、泊松比、屈服强度、热导率等相关特性参数，如果没有准确的材料，模型将无法评估、分析，而系统自带的材料有限，需要通过添加库的方式来增加所需材料。

☞操作方法

1）打开任意一个模型，在设计树中的"材质"项上单击鼠标右键，在快捷菜单中选择【编辑材料】，如图9-1所示。

图9-1　编辑材料

2）系统弹出图9-2所示对话框，在左侧列表栏任意空白处单击鼠标右键，在弹出的快捷菜单中选择【新库】，以创建新的材料库，如图9-2所示。

3）在弹出的【另存为】对话框中为新材料库选择保存目录并对库进行命名。

4）在刚创建的库上单击鼠标右键，单击【新类别】，如图9-3所示，以创建一个具体的类别，如金属、非金属。

5）在新建的类别上单击鼠标右键，选择快捷菜单中的【新材料】，如图9-4所示。

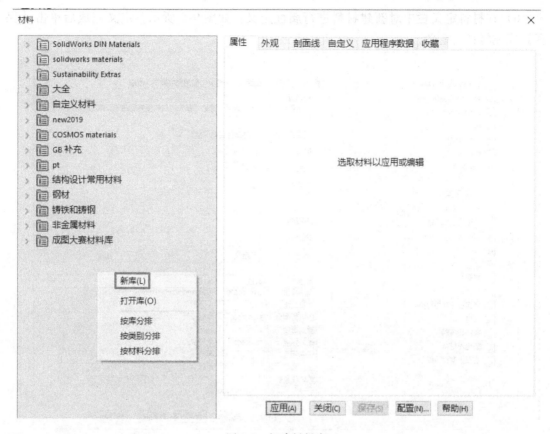

图 9-2 新建材料库

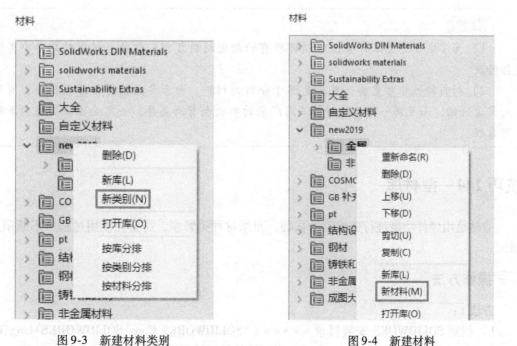

图 9-3 新建材料类别　　　　　　　　　　图 9-4 新建材料

6) 在材料定义栏中对新建材料进行属性定义,如图 9-5 所示,定义完成后单击【保存】完成材料的定义。

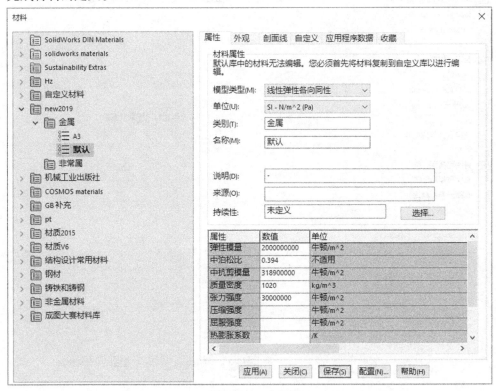

图9-5　定义材料属性

> 注意:
> 1) 为了减少定义工作量,可以将原有的相近材料复制、粘贴至新材料分类中再进行修改。
> 2) 材料特性非常重要,尤其是用于分析的材料,由于参数值通常位数较多,因此一定要仔细,而且同一牌号的材料不同厂家的参数也有所差异,一定要保证数据来源的可靠性。

技巧 144　型材库

型材是用焊件功能进行建模时的基础,而型材种类繁多,需要在使用过程中不断积累、添加。

☞操作方法

方法 1:

1) 找到 SOLIDWOKS 安装目录 ＊＊＊＊＊＊\SOLIDWORKS Corp\SOLIDWORKS\lang\chinese-simplified\weldment profiles,该目录下存放的是系统自带的型材库。

2）找到一个与想添加的型材接近的库文件，如 iso\c channel\80×8. sldlfp，将其复制一份，并重新命名为 60×6. sldlfp。

3）在 SOLIDWORKS 中打开该文件，通过草图编辑将其尺寸修改成所需尺寸，如图 9-6 所示。

4）退出草图并保存该文件，在零件建模时即可通过【焊件】/【结构构件】调用该轮廓形状，如图 9-7 所示。

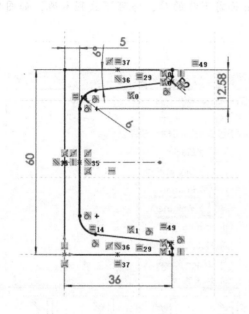

图 9-6　修改草图

图 9-7　选择构件型材

方法 2：

1）新建一个零件，并在草图中绘制出所需的草图轮廓，如图 9-8 所示。

2）退出草图，在任务窗格中选择"设计库"中的命令【添加到库】，如图 9-9 所示。

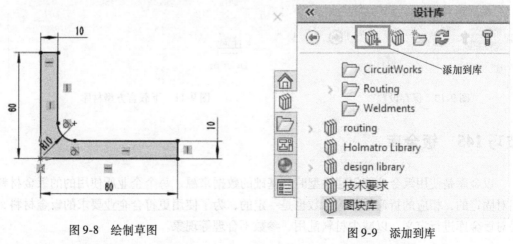

图 9-8　绘制草图

图 9-9　添加到库

3）在【添加到库】对话框中进行定义，添加草图并命名文件，将下方的【文件类型】更改为"Lib Feat Part（*. sldlfp）"，如图 9-10 所示。

4）将保存的文件复制到默认目录中，或者在【系统选项】/【文件位置】中添加刚保存的文件夹。

> **注意：**
> 1）草图一定要完全定义。
> 2）通过任务窗格中的【SOLIDWORKS 内容】下载官方额外提供的库文件，找到所需下载的库，按住键盘上的 <Ctrl> 键再单击所需下载的库，即可下载到本地，如图 9-11 所示。

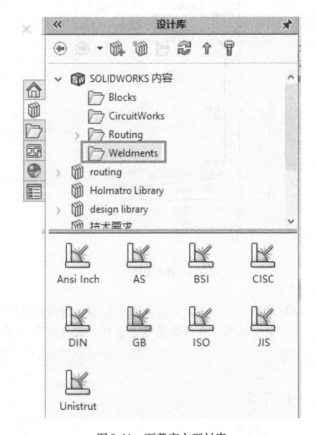

图 9-10　保存设置　　　　　　　　图 9-11　下载官方型材库

技巧 145　钣金库

钣金库是使用钣金功能创建模型时最基础的数据来源，每个企业所使用的的钣金材料是相对固定的，相应的折弯系数等参数也是一定的，为了使用更符合企业要求的钣金材料，需要对钣金库进行定义，以减少材料乱用、参数不合理等现象。

操作方法

1）找到 SOLIDWOKS 安装目录＊＊＊＊＊＊\SOLIDWORKS Corp\SOLIDWORKS\lang\chinese-simplified\Sheet Metal Gauge Tables，该目录下存放的是系统自带的钣金库。

2）目录下提供了常见的几种钣金材料定义的标准格式，包括折弯系数表、K 因子表，打开其中的相应格式，根据需要添加所需规格即可。

3）更改完成并保存后，即可在使用钣金时通过"使用规格表"调用刚更改的规格，如图 9-12 所示。

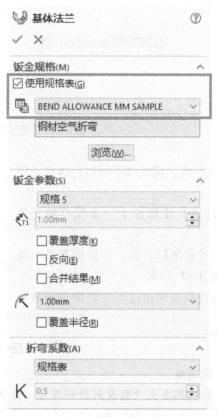

图 9-12　选择钣金规格

> **注意：** 可以对原有规格表文件进行复制并重命名，以生成全新的规格表，但规格表的格式不能更改。

技巧 146　冲头库

冲头用于在钣金中冲压各种通孔、不通孔，SOLIDWORKS 提供了部分冲头，需要其他形状的冲头时需要自定义，以完善冲头库。

操作方法

1）创建图 9-13 所示的零件。

2）单击工具栏中的【钣金】/【成形工具】，在出现的对话框中选择相应参考面，【停止面】为冲头与材料相平的面，【要移除的面】为需要冲通的面，如图 9-14 所示。

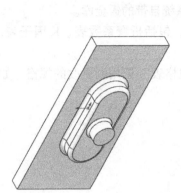

图 9-13　创建零件　　　　　　　　　　　图 9-14　【成形工具】设定

3）单击【确定】✔完成定义，模型以不同颜色体现不同的部分，如图 9-15 所示。

4）在任务窗格的【设计库】中添加上一步保存的文件夹，如图 9-16 所示。

5）在刚加入的文件夹上单击鼠标右键，在快捷菜单中选择【成形工具文件夹】，如图 9-17 所示。

6）定义完成后，就可以在钣金建模过程中将冲头拖放至钣金中进行冲压了。

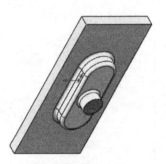

图 9-15　设定完成

注意：

1）第 5 步很关键，不能省略。

2）有圆角时，圆角半径一定要大于钣金的材料厚度，否则无法成形。

图 9-16　添加到库

图 9-17　成形工具文件夹

技巧 147   标准件库

Toolbox 中提供的标准件库的属性信息均是英文状态，这造成了在装配图明细表中无法标注类似于名称、图号的国标化信息，通过自定义可以将这些信息添加到标准件库中。

☞操作方法

1）启动 Toolbox 插件，单击菜单栏中的【工具】/【Toolbox】/【配置】。

2）切换至第二个选项卡，找到【GB】标准，添加两个自定义属性，如图 9-18 所示。属性名称要与零件建模时的属性相匹配，在此定义了"零件名称"和"零件图号"两个属性。

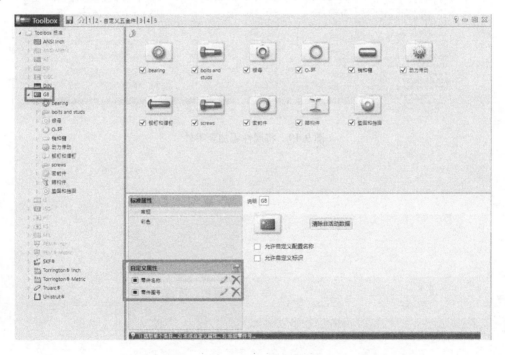

图 9-18   自定义属性

3）选择需要添加属性的具体标准件类别，勾选上两个自定义属性，并在数值处填入相应的信息，如图 9-19 所示。

4）单击【保存】完成属性添加。

> 注意：添加了属性的标准件在下次调用时具备与零件相同的属性信息，可以在明细表中同步这些信息，如果其他设计人员也需要这些信息，则将"SOLIDWORKS Data"目录复制过去覆盖原目录即可。也可以考虑将"SOLIDWORKS Data"目录放到服务器的共享文件夹中，并让所有使用者重新指定该文件夹位置，以保证这些属性信息的一致性。

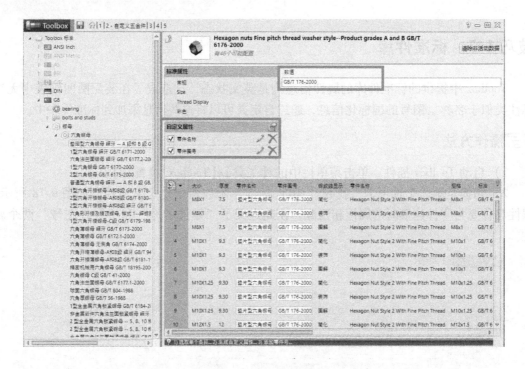

图 9-19　将属性添加至零件

第 10 章 其 他 技 巧

本章主要介绍一些其他辅助功能的操作技巧。

技巧 148　提取已有对象的颜色

装配体渲染过程中的一个重要问题是其颜色配置是否合理，但现实问题是机械工程师通常对色彩不太敏感，这时，借鉴其他色彩较好的模型配色就显得相当重要。那么，如何提取一已有对象的颜色呢？

☞操作方法

1）选中要提取颜色的对象（面、特征、实体均可），选择工具栏【渲染工具】／【编辑外观】，如图 10-1 所示，此时在"颜色"栏中会看到当前所用颜色。

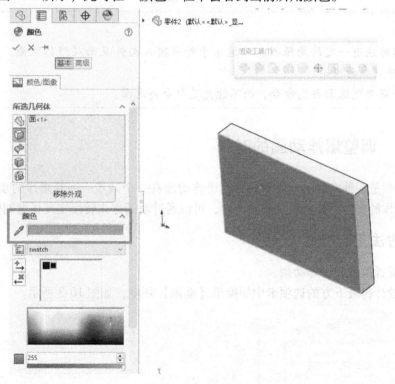

图 10-1　颜色编辑

2）单击🖐加入当前配色表，再在配色表内选中该配色，就可以在下方看到该配色的 RGB 代码了，如图 10-2 所示，在需要该配色时输入相应的 RGB 代码即可。

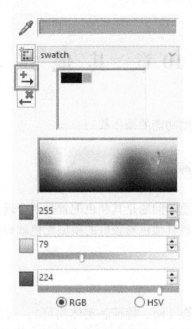

图 10-2　加入配色表

技巧 149　调整爆炸动画的时长

爆炸动画是一种常见的动画形式, 但爆炸动画有一个缺点——其爆炸的步长相对固定, 不能根据爆炸的实际需要任意调整。此时, 可以通过动画方式转换实现任意调整。

☞操作方法

1) 在配置里做好爆炸动画。

2) 在设计树最下方的选项卡中切换至【动画】环境, 如图 10-3 所示。

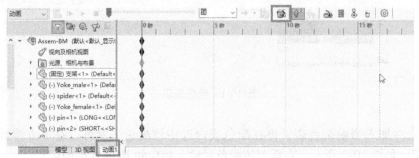

图 10-3　切换至动画环境

3）单击【动画向导】 ，弹出图 10-4 所示对话框。

图 10-4 动画向导

4）选中【爆炸】单选按钮，单击【下一步】，弹出图 10-5 所示对话框，在该对话框中设置爆炸时间。

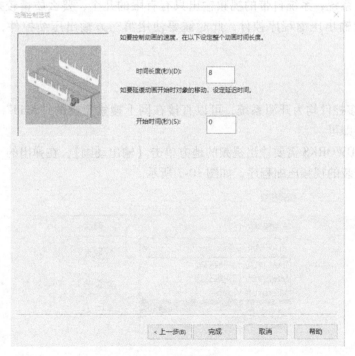

图 10-5 爆炸时间设置

5）单击【完成】，此时爆炸动画已导入普通动画项中，如图 10-6 所示。

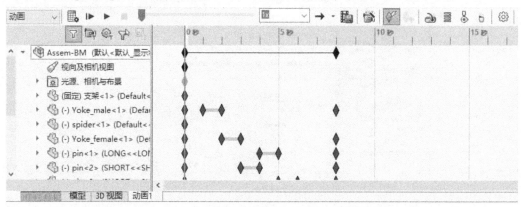

图 10-6 动画导入完成

6）此时可以通过控制键码时间任意控制每一步的爆炸时长，以满足实际需求。

> **注意：**由于该操作只能正向操作，无法反向操作，因此必须在配置中将爆炸步骤确认好再导入普通动画中进行调整。

技巧 150 输出高质量视频

在 SOLIDWORKS 中，有多个场合需要输出视频形式，如爆炸、动画、运动仿真等，但受制于 Windows 系统，系统自带的视频输出只有有限的几个，要么质量较差，要么文件较大，没有合适的输出压缩程序控件，此时需要使用第三方输出压缩控件，常用的控件有 Xvid、h264 等。

☞操作方法

1）由于很多控件均为开源系统，可以直接在网上搜索免费的 "Xvid" 控件进行下载，然后按提示安装即可。

2）在 SOLIDWORKS 需要输出视频的地方单击【输出动画】，在弹出的【视频压缩】对话框中选择要安装的视频压缩程序，如图 10-7 所示。

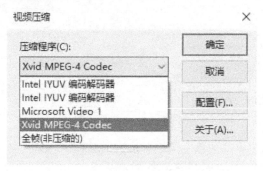

图 10-7 选择视频压缩程序

3）选择好视频压缩程序后单击【配置】，弹出图10-8所示对话框，根据需要进行详细的参数设置，具体内容见相应压缩程序的帮助文件。

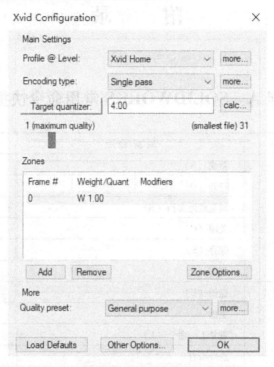

图10-8 选项参数

4）单击【确定】后即可输出质量与大小平衡的视频文件。

> 注意：不同视频压缩控件的"配置"选项是不一样的，具体内容需要查阅相应帮助文件。

附　　录

附录 A　SOLIDWORKS 常用命令快捷键

序　号	对应菜单	对　应　命　令	快　捷　键
1	文件（F）	新建（N）	Ctrl + N
2		打开（O）	Ctrl + O
3		浏览最近文档（R）	R
4		关闭（C）	Ctrl + W
5		保存（S）	Ctrl + S
6		打印（P）	Ctrl + P
7	编辑（E）	撤销（U）	Ctrl + Z
8		重做	Ctrl + Y
9		重复上一命令（E）	Enter
10		选择所有	Ctrl + A
11		剪切（T）	Ctrl + X
12		复制（C）	Ctrl + C
13		粘贴（P）	Ctrl + V
14		删除（D）	Delete
15		重建模型（R）	Ctrl + B
16		重建所有配置	Ctrl + Shift + B
17		复制外观（C）	Ctrl + Shift + C
18		粘贴外观（P）	Ctrl + Shift + V
19	视图（V）	重画（R）	Ctrl + R
20		视图定向（O）	空格键
21		整屏显示全图（F）	F
22		上一视图（R）	Ctrl + Shift + Z
23		快速捕捉（Q）	F3
24		FeatureManager 设计树区域	F9
25		工具栏	F10
26		任务窗格（N）	Ctrl + F1
27		全屏	F11
28	插入（I）	DXF/DWG	Ctrl + D
29	工具（T）	放大选项	G

（续）

序 号	对应菜单	对应命令	快 捷 键
30	工具（T）	在几何图形上选择	T
31		选择所有	Ctrl + A
32		直线（L）	L
33	帮助（H）	欢迎使用 SOLIDWORKS	Ctrl + F2
34		SOLIDWORKS 帮助（H）	H
35		命令（M）	W
36		文件和模型（I）	I
37		知识库（K）	K
38		社区论坛（O）	O
39	其他	前视	Ctrl + 1
40		后视	Ctrl + 2
41		左视	Ctrl + 3
42		右视	Ctrl + 4
43		上视	Ctrl + 5
44		下视	Ctrl + 6
45		等轴测	Ctrl + 7
46		正视于	Ctrl + 8
47		指令选项切换	A
48		扩展/折叠树	C
49		折叠所有项目	Shift + C
50		过滤边线	E
51		查找/替换	Ctrl + F
52		下一边线	N
53		强制重建	Ctrl + Q
54		强制重建所有配置	Ctrl + Shift + Q
55		快捷栏	S
56		显示平坦树视图	Ctrl + T
57		过滤顶点	V
58		滚动到 FeatureManager 设计树底端	End
59		切换注释大写字母	Shift + F3
60		切换选择过滤器工具栏	F5
61		切换选择过滤器	F6
62		拼写检验程序	F7
63		隐藏/显示窗格	F8
64		滚动到 FeatureManager 设计树顶端	Home
65		下一个命令管理器选项卡	Ctrl + →

（续）

序　号	对应菜单	对应命令	快　捷　键
66	其他	选择注解视图	'
67		上一个命令管理器选项卡	Ctrl + ←
68		视图选择器	Ctrl + 空格键
69		过滤面	X
70		接受边线	Y
71		缩小	Z
72		放大	Shift + Z
73		移动选择痕迹、确认角落	D
74		隐藏盘旋零部件/实体	Tab
75		显示盘旋零部件/实体	Shift + Tab
76		显示所有隐藏的零部件/实体	Ctrl + Shift + Tab
77		从几何图形上选择	T
78	搜索	搜索 SOLIDWORKS 帮助	H
79		搜索命令	W
80		搜索文件与模型	I
81		搜索知识库	K
82		搜索社区论坛	O

附录 B　SOLIDWORKS 常用操作快捷键

类　　型	快　捷　键	功　能　说　明
草图中使用	< Alt > 键 + 拖动	对称调整样条曲线中控制点的两个控标
	< Ctrl > 键 + 拖动	拖动端点时隐藏推理线
	按下 < Ctrl > 键绘制草图	禁用自动草图几何关系
	< Shift > 键 + 单击	启用捕捉
	< Shift > 键 + 拖动	绘制直线时，直线将捕捉到特定长度
	< Tab > 键	绘制 3D 草图时，更改 XYZ 平面
尺寸和注解中使用	< Alt > 键 + 单击	放置尺寸和注解时禁用自动对齐
	< Alt > 键 + 拖动	独立于注解所属的组来移动注解
	< Ctrl > 键 + 拖动	按住 < Ctrl > 键并拖动引线箭头时，在注解上创建额外的引线
	< Shift > 键 + 单击	使用智能尺寸工具标注圆弧和圆形的尺寸时，将尺寸捕捉到最大或最小位置
	< ` > 键	选中注解后再按此键，更改尺寸或注解的视图平面
装配体中使用	< Alt > 键	配合：将光标悬浮在面上并按下 < Alt > 键，将临时隐藏面
	< Alt > 键 + 拖动	配合：按住 < Alt > 键并拖动零部件，将创建智能配合 三重轴：使用三重轴时，按住 < Alt > 键的同时拖动三重轴上的中心球或控标，并将其放置到边线或面上，可将三重轴与该边线或面对齐 重新排序零部件：在 FeatureManager 设计树中，按住 < Alt > 键移动零部件时，可确保该零部件在树中的级别不变并防止其被移到其子装配体中

（续）

类　型	快　捷　键	功　能　说　明
装配体中使用	<Ctrl>键+拖动	按住<Ctrl>键并拖动零部件，将复制该零部件 在具有预选零部件的装配体中，按住<Ctrl>键时拖动选择框可反转所选内容
	<Tab>键	隐藏/显示：隐藏位于光标下的所有零部件 插入零部件时，旋转零部件90°（配合预览状态下）
	<Shift>键+<Alt>键	配合：将光标悬浮在隐藏的面上并按下<Shift>键+<Alt>键时，将显示临时隐藏的面
	<Shift>键+<Tab>键	隐藏/显示：显示位于光针下的所有零部件 插入零部件时，旋转零部件-90°（配合预览状态下）
	<Ctrl>键+<Shift>键+<Alt>键	配合：在半透明状态下显示所有临时隐藏的面
	<Ctrl>键+<Shift>键+<Tab>键	暂时将所有隐藏零部件显示为透明，还可以选择要显示的零部件 要显示一个或多个零部件时，将光标移到图形区域，然后按住<Ctrl>键+<Shift>键+<Tab>键，所有隐藏零部件将暂时显示为透明，单击某个隐藏零部件可将其更改为显示状态
	右键单击并拖动	在图形区域的空白区域，调用鼠标笔势 在零部件上，相对于装配体原点旋转零部件
	<Alt>键+右键单击并拖动	在零部件上，调用鼠标笔势，而非旋转零部件
工程图中使用	<Alt>键+拖动	选择表中的任意位置来移动表格
	<Ctrl>键+拖动	工程图视图：插入工程图视图时，断开工程图视图的对齐 注解：复制注解，而无需捕捉到网格或其他注解 表格：选择表中的任意位置来移动表
	<Shift>键+单击	在工程图中选择一条边线时，如果所有线段都共线，则整条直线都将高亮显示
	<Shift>键+拖动	将尺寸拖放到另一视图时，将尺寸移到另一工程图视图
显示用操作	<Alt>键+方向键	平行于视图平面旋转模型
	<Alt>键+拖动鼠标中键	平行于视图平面旋转模型
	<Shift>键+方向键	旋转模型90°
	<Shift>键+<Z>键	放大模型
	<Z>键	缩小模型
	<Shift>键+拖动鼠标中键	绕屏幕中心缩放模型
	<F>键	缩放全部
	<Alt>键+鼠标中间滚轮	使用放大镜时显示剖面视图
	空格键	打开视图选择器和方向对话框

（续）

类　型	快　捷　键	功　能　说　明
通用操作	\<Ctrl\>键 + \<C\>键 \<Ctrl\>键 + \<V\>键	使用这些键盘快捷键来复制和粘贴，类似于 Windows 功能 草图：复制和粘贴草图实体 零件：复制和粘贴草图 装配体：复制和粘贴零部件 工程图：复制和粘贴工程图视图
	\<Ctrl\>键 + 拖动	草图：复制草图实体 零件：复制特征 装配体：复制零件和子装配体 工程图：复制工程图视图
	\<Ctrl\>键 + 方向键	平移模型
	\<Ctrl\>键 + 拖动鼠标中键	平移模型
	\<Shift\>键 + 拖动	草图：移动草图实体集 零件：移动特征 工程图：使选定工程图视图和任何相关视图一起移动，将它们视为一个实体，也可将尺寸移到另一视图中
	\<Alt\>键 + 单击	选择视图选择器立方体背面的视图
	\<Ctrl\>键 + 单击	选择多个实体
	\<Shift\>键	在零件上选择透明的面
	\<Shift\>键 + 单击	在 FeatureManager 设计树中选择两个选定项目内的任何内容
	\<Ctrl\>键 + \<B\>键	重建模型
	\<Ctrl\>键 + \<R\>键	重绘屏幕
	\<Ctrl\>键 + \<Tab\>键	在打开的文档之间切换
	\<Enter\>键	重复上一个命令
	\<S\>键	打开快捷工具栏
其他操作	\<Tab\>键	将成形工具拖动到钣金面上时，翻转成形工具的方向

附录 C　减小所保存文件大小的方法

三维数据通常较大，在交流、传输中有诸多不便，此时需要采用一定方法来减小文件的大小。

方法 1：另存。将零部件另存为其他文件名，由于另存过程中系统会重新计算模型，因此其中的冗余信息会被自动清除，使得文件大小得以减小。对于编辑修改次数较多的零部件，其减小的幅度相当可观。

方法 2：压缩。将零件特征、装配零部件全部"压缩"再保存，能大大减小文件夹的大小。打开使用时，将原有压缩文件夹解压缩即可。

方法 3：辅助特征。在零件完成后增加一个切除特征，尽可能切除体积大的模型（不能完全切除，因为系统不允许)，然后再保存，这对于复杂模型而言相当有效。同样的，在装配体中也可以用装配体特征进行切除。这种方法与通过拉伸特征覆盖原有特征的效果类似。使用时，只需将最后一个特征压缩或删除即可。

方法 4：隐藏。将所有显示的零部件全部隐藏后再保存，由于所有显示信息均没有了，从而大大减小了文件的大小。

第一种方法没有对模型做任何处理，是最为安全的。使用其他方法时一定要与沟通对象说明清楚，以免产生误解。

附录 D　G0/G1/G2 的连续性

连续性是评估曲面质量的一个重要指标，SOLIDWORKS 提供了三种连续性类型：

(1) 位置连续（G0 连续）　面只是连接在一起，不可导。进行斑马条纹检查时，连接处会出现断开或错位现象，如附图 1 所示。

(2) 相切连续（G1 连续）　面间一阶可导，但曲率值不是连续变化的。进行斑马条纹检查时连接处是连续的，但存在转折现象，如附图 2 所示。

(3) 曲率连续（G2 连续）　面间二阶可导，曲率值连续变化。进行斑马条纹检查时连接处是光顺的，如附图 3 所示。

连续性的概念在曲线与曲面中是等同的，当然还有比 G2 连续更高阶的连续，但在 SOLIDWORKS 中并不体现，所以不做解释。

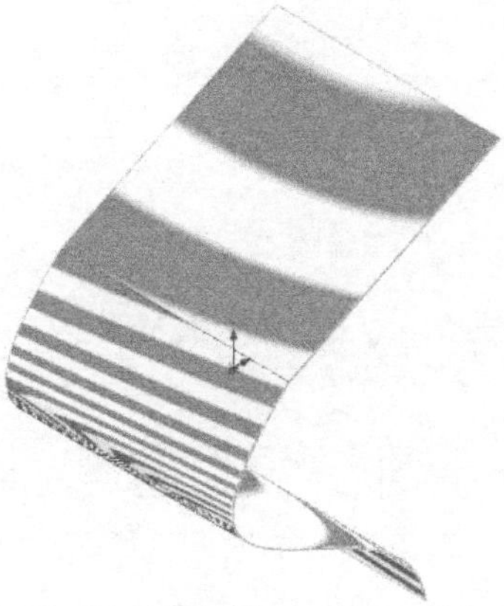

附图 1　位置连续

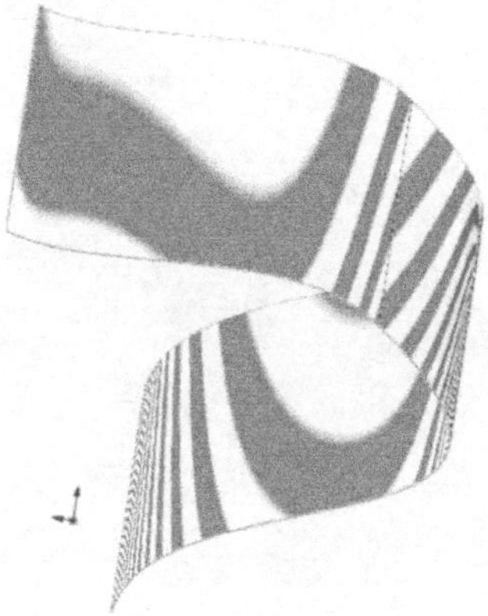

附图 2　相切连续

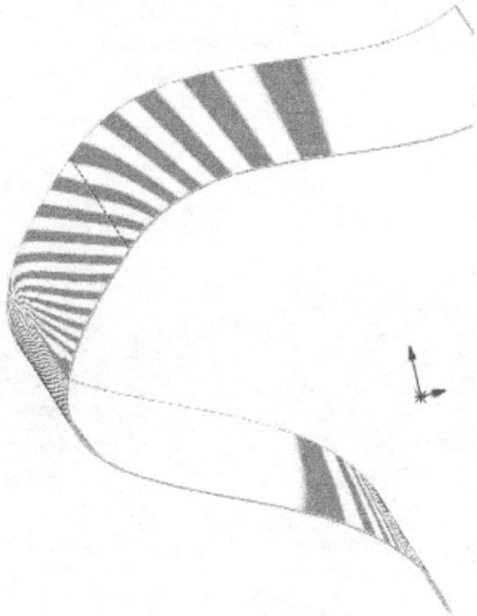

附图 3　曲率连续